Wissenschaftliche Taschenbücher WTB

Chemie

Gerhard Geiseler
Heinz Seidel

Die Wasserstoff-brückenbindung

THEORIA CUM PRAXI

Akademie-Verlag · Berlin

WTB Wissenschaftliche Taschenbücher

Reihe BIOLOGIE

Hans Bergner
Tierernährung

Helmut Friemel / Josef Brock
Grundlagen der Immunologie

Hellmuth Gäbler
Forstschutz

Heinz Geiler
Ökologie der Land- und Süßwassertiere

Paul Hoffmann
Photosynthese

Eberhard Hofmann
Eiweiße und Nucleinsäuren als biologische Makromoleküle
Dynamische Biochemie, Teil I

Eberhard Hofmann
Enzyme und energiebereitstellende Reaktionen des Stoffwechsels
Dynamische Biochemie, Teil II

Eberhard Hofmann
Der Stoffwechsel lebendiger Systeme und seine Regulation
Dynamische Biochemie, Teil III

Eberhard Hofmann
Biochemie der Vererbung. Differenzierung und anderer Zellfunktionen
Dynamische Biochemie, Teil IV

Friedrich Jacob
Bewegungsphysiologie der Pflanzen

Gerhard Lerch
Pflanzenökologie

Joachim Nitschmann
Entwicklung bei Mensch und Tier

Hans-Werner Nolte
Pflanzenschutz in der Landwirtschaft

Klaus Odening
Parasitismus

Alfred Palissa
Bodenzoologie in Wissenschaft, Naturhaushalt und Wirtschaft

Martin Schmidt
Pflanzenschutz im Gartenbau

Ulrich Sedlag
Biologische Schädlingsbekämpfung

Ludwig Spannhof
Zellen und Gewebe der Tiere

Dieter Spaar
Helmut Kleinhempel
Hans Joachim Müller
Klaus Naumann
Bakteriosen der Kulturpflanzen

Günter Tembrock
Grundlagen des Tierverhaltens

Günter Tembrock
Biokommunikation
Informationsübertragung im biologischen Bereich
Teil I und II

Eberhard Teuscher
Pharmakognosie
Teil I und II

Regine Witkowski
Falko H. Herrmann
Einführung in die klinische Genetik

Gerald Wolf
Neurobiologie

Reihe CHEMIE

HANS-MARTIN BARCHET
Chemie photographischer Prozesse

ULRICH BEHRENS
MANFRED RINGPFEIL
Mikrobielle Polysaccharide

ROLF BORSDORF / MANFRED SCHOLZ
Spektroskopische Methoden in der organischen Chemie

HANS DAWCZYNSKI
Temperaturbeständige Faserstoffe aus organischen Polymeren

HANS DAWCZYNSKI
Temperaturbeständige Faserstoffe aus anorganischen Polymeren

WERNER DÖPKE
Stereochemie organischer Verbindungen

MARTIN FINKE / WALTER LEIPNITZ
Moderne Methoden der Erdölanalyse

ERICH GUNDERMANN
Chemie und Technologie des Braunkohlenteers

WERNER HABERDITZL
Magnetochemie

SIEGFRIED HAUPTMANN
Über den Ablauf organisch-chemischer Reaktionen

HELMUT HRAPIA
Einführung in die Chromatographie

HORST KEHLEN / FRANK KUSCHEL
HORST SACKMANN
Grundlagen der chemischen Kinetik

GERHARD KEMPTER
Struktur und Synthese von Vitaminen.

PETER KRUMBIEGEL
Isotopieeffekte

KLAUS KÜHNE
Werkstoff Glas

HANS LUPPA
Grundlagen der Histochemie
Teil I und II

DIETER MERKEL
Riechstoffe

DIETER ONKEN
Steroide

BURKART PHILIPP
GERHARD REINISCH
Grundlagen der makromolekularen Chemie

JOACHIM RIEMER
Quantitative organische Mikroanalyse

ROLF SCHÖLLNER
Die Oxydation organischer Verbindungen mit Sauerstoff

WOLFGANG WAGNER
Chemische Thermodynamik

GÜNTHER WAGNER
HANS KÜHMSTEDT
Pharmazeutische Chemie

ADOLF ZSCHUNKE
Kernmagnetische Resonanzspektroskopie in der organischen Chemie

Reihe MATHEMATIK / PHYSIK

HANS BANDEMER
ANDREAS BELLMANN
WOLFHART JUNG / KLAUS RICHTER
Optimale Versuchsplanung

FRANK BEICHELT
Prophylaktische Erneuerung von Systemen

DIETRICH BENDER
ERNST-EGON PIPPIG
Einheiten, Maßsysteme, SI

DIETER KLAUA
Kardinal- und Ordinalzahlen
Teil 1 und 2
Einführung in die
Allgemeine Mengenlehre III

DIETER KÖNIG / DIETRICH STOYAN
Methoden der Bedienungstheorie

KONRAD KREHER
Festkörperphysik

DIETER KRESS
Theoretische Grundlagen der Signal- und Informationsübertragung

JEAN KUNTZMANN
Unendliche Reihen

JEAN KUNTZMANN
Systeme von Differentialgleichungen

JEAN KUNTZMANN
Komplexe Veränderliche

DIERCK-EKKEHARD LIEBSCHER
Relativitätstheorie mit Zirkel und Lineal

WOLFGANG MEILING
Kernphysikalische Elektronik

PETER PAUFLER / DIETER LEUSCHNER
Kristallographische Grundbegriffe der Festkörperphysik

HARRY PAUL
Lasertheorie
Teil I und II

HARRY PAUL
Nichtlineare Optik
Teil I und II

WOLFGANG PAULI
Vierpoltheorie und ihre Anwendung auf elektronische Schaltungen

HARRY PFEIFER
Theorie linearer Bauelemente
Elektronik für den Physiker I

HARRY PFEIFER
Die Elektronenröhre
Elektronik für den Physiker II

HARRY PFEIFER
Schaltungen mit Elektronenröhren
Elektronik für den Physiker III

HARRY PFEIFER
Leitungen und Antennen
Elektronik für den Physiker IV

HARRY PFEIFER
Mikrowellenelektronik
Elektronik für den Physiker V

HARRY PFEIFER
Halbleiterelektronik
Elektronik für den Physiker VI

HARRY PFEIFER / W. HEINK
Schaltungen mit Transistoren
Elektronik für den Physiker VII

ULRICH RÖSEBERG
Determinismus und Physik

J. A. ROSANOW
Wahrscheinlichkeitstheorie

E. M. SAWIZKI
Perspektiven der Metallforschung

WOLFGANG SCHÄFER
Theoretische Grundlagen der Stabilität technischer Systeme

ERNST SCHMUTZER
Symmetrien und Erhaltungssätze der Physik

I. S. SHELUDEW
Elektrische Kristalle

N. D. SHEWANDROW
Die Polarisation des Lichtes

L. A. SKORNJAKOW
Elemente der Verbandstheorie

A. A. SMIRNOW
Metallphysik

A. S. Sonin / N. A. Strukow
Einführung in die Ferroelektrizität

Hans-Jürgen Treder
Elementare Kosmologie

J. F. Vinson
Optische Kohärenz in der klassischen Theorie und in der Quantentheorie

TEXTE UND STUDIEN

D. M. Brink
Kernkräfte

Stephen G. Brush
Kinetische Theorie
Teil I und II

Festkörperphysik
Entwicklungstendenzen und Anwendungsmöglichkeiten

D. ter Haar
Quantentheorie

W. R. Hindmarsh
Atomspektren

J. H. Sanders
Die Lichtgeschwindigkeit

Die Schöpfer der physikalischen Optik
Eine Artikelsammlung

Gustav E. R. Schulze
Beiträge zur Entwicklung der Metallphysik

R. A. R. Tricker
Die Beiträge von Faraday und Maxwell zur Elektrodynamik

R. A. R. Tricker
Frühe Elektrodynamik

Vorschau auf die nächsten Bände:

Joachim Auth / Dietmar Genzow
Klaus H. Herrmann
Photoelektrische Erscheinungen

W. S. Letochow
Laserspektroskopie

Volkmar Schuricht
Kernexplosionen für friedliche Zwecke

Michael Theile
Siegfried Scherneck
Zellgenetik

Gerhard Wunsch
Zellulare Systeme

WTB

BAND 224

Gerhard Geiseler / Heinz Seidel

Die Wasserstoffbrückenbindung

Mit 72 Abbildungen und 27 Tabellen

AKADEMIE-VERLAG · BERLIN

Reihe CHEMIE

Herausgegeben im Auftrage
der Akademie der Wissenschaften der DDR

von:
Prof. Dr. H. Klare, Berlin
Prof. Dr.-Ing. Dr. h. c. E. Leibnitz, Berlin
Prof. Dr.-Ing. habil. Dr. rer. nat. h. c. mult. K. Schwabe, Meinsberg
Prof. Dr. Dr. h. c. E. Thilo †, Berlin

Verantwortlicher Herausgeber dieses Bandes:
Prof. Dr.-Ing. habil. Dr. rer. nat. h. c. mult. K. Schwabe

Verfasser:
Prof. Dr. Gerhard Geiseler
Dr. Heinz Seidel
Sektion Chemie der Karl-Marx-Universität
Leipzig

1977
Erschienen im Akademie-Verlag, 108 Berlin, Leipziger Straße 3—4

Lizenznummer: 202 · 100/487/77
Herstellung: VEB Druckhaus „Maxim Gorki“, 74 Altenburg
Bestellnummer: 762 087 2 (7224) · LSV 1254
Printed in GDR
DDR 12,50 M

Vorwort

Seit der grundlegenden Arbeit von LATIMER und RODEBUSH aus dem Jahre 1920 ist eine nicht mehr überschaubar große Zahl von Untersuchungen über die Natur und die Eigenschaften der Wasserstoffbrückenbindung vorgenommen worden. Besonders große Fortschritte wurden im Verlauf der beiden letzten Jahrzehnte erzielt. Hierbei wuchs in zunehmendem Maße die Erkenntnis, daß die Wasserstoffbrückenbindung in vielen Bereichen der unbelebten und belebten Natur eine außerordentlich wichtige Rolle spielt und daß ihre Erforschung entscheidend zum Verständnis vieler molekularer Strukturen und komplizierter Stoffsysteme beitragen kann.

Es existieren mehrere ältere und neuere Monographien, aber keine in deutscher Sprache. Das vorliegende betont monographisch abgefaßte Taschenbuch will dem interessierten Leser ohne allzu großen Zeitaufwand nicht nur ein Bild über das Wesen und die charakteristischen Eigenschaften der Wasserstoffbrücken vermitteln, sondern ihm auch die Methoden und Wege aufzeigen, die ein hohes Maß an Information gewährleisten. Um diesem Anliegen möglichst gerecht zu werden, mußte auf die phänomenologische Beschreibung von Wasserstoffbrücken-Systemen weitgehend verzichtet werden. Sie fand jedoch immer dort Berücksichtigung, wo es sinnvoll erschien, Allgemeingültiges und Charakteristisches herauszustellen. Um dem Leser den Zugang zu speziellen und detaillierten Erkenntnissen zu erleichtern, sind in der Literaturzusammenstellung bekannte Monographien, informative Übersichtsberichte und eine Auswahl der wichtigsten Originalarbeiten aufgeführt.

Bei der Anfertigung des Manuskriptes hat Herr *Heinz Kaluscha*, Leipzig, vielgestaltig und umsichtig mitgewirkt. Hierfür sei ihm an dieser Stelle der beste Dank ausgesprochen.

Mai 1976 *Die Verfasser*

Inhalt

1. Einführung

1.1. *Allgemeines*

In einigen stark polaren kovalenten Protonenbindungen zeigt das Wasserstoffatom eine noch merklich ausgeprägte Feldwirkung. Bei genügender Annäherung von Atomen mit einsamen Elektronenpaaren oder Atomgruppierungen mit π-Elektronen, also mit leicht beweglichen Elektronen, kommt es zur Ausbildung der bekannten Wasserstoffbrückenbindung. LATIMER und RODEBUSH waren die ersten, die die Bedeutung dieser spezifischen Art der Wechselwirkung voll erkannt haben. Seit ihrer nun schon als klassisch zu bezeichnenden Arbeit aus dem Jahre 1920 [1] sind zahllose und außerordentlich vielgestaltige Untersuchungen über das Wesen und die Eigenschaften der Wasserstoffbrücken vorgenommen worden. Ihre molaren Bindungsenergien liegen zwischen 2 und 10 kcal. Sie sind klein im Vergleich zu den Kovalenzbindungen, lassen aber bei Normaltemperaturen die Ausbildung differenzierter Strukturen zu. Diese jedoch sind ziemlich labil und verursachen fließende Ordnungszustände. Die Potentialenergie der H-Brückenbindung zeigt in Abhängigkeit vom Abstand der Bindunspartner einen Kurvenverlauf, der ähnlich ist dem der kovalenten Bindungen, nur sind hier die Kurven weniger steil und die Energieminima erheblich flacher (Abb. 1). Sie ergeben sich aus der Summe der Anziehungs- und Abstoßungskräfte zwischen den Partnern.

Die Stabilität der Brücke ist gekennzeichnet durch das Potentialminimum U_0 beim Gleichgewichtsabstand r_0. Ihre Bindungsenergie sei verglichen mit der kinetischen Energie eines frei beweglichen Moleküls. Die mittlere Translationsenergie gasförmiger Moleküle beträgt je Freiheitsgrad der Bewegung 1/2 RT, für die drei Freiheitsgrade bei Raumtemperatur also 0,9 kcal · mol^{-1}. Nicht alle Moleküle haben jedoch die gleiche Geschwindigkeit und somit die gleiche kinetische Energie. Der Anteil aller Moleküle, deren Stoßenergie (entspricht der kinetischen Energie für zwei Freiheitsgrade) den Wert E übersteigt,

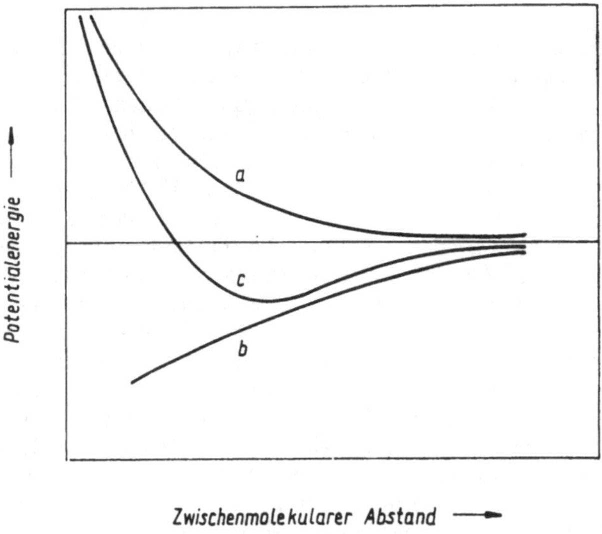

Abb. 1. Potentialenergie einer H-Brückenbindung
a – Abstoßungskräfte, *b* – Anziehungskräfte, *c* – Summe aus *a* und *b*

ist nach dem Boltzmannschen Energieverteilungssatz $n_E/n_0 = e^{-E/RT}$. So beträgt der Anteil der Moleküle mit $E = 3{,}0$ kcal · mol^{-1} bei 300 K etwa 1%, bei 600 K etwa 8%. Energiereiche bimolekulare Kollisionen liegen also in der Größenordnung der Energie der zwischenmolekularen Wechselwirkung, jedoch wird nur eine verschwindend geringe Zahl von Stößen die Energie einer chemischen Bindung erreichen.

Dieser Sachverhalt bestimmt ein wesentliches Merkmal der intermolekularen H-Brückenbindung, die Tendenz zur Assoziation bzw. zur Komplexbildung. Es stellt sich ein dynamisches Gleichgewicht zwischen der Bildung von H-Brückensystemen und ihrem Zerfall ein. Je nach der Art der vorliegenden Assoziattypen kann dieses Gleichgewicht als aus unterschiedlichen miteinander gekoppelten Einzelgleichgewichten zusammengesetzt angesehen werden. Die Lage der Assoziationsgleichgewichte hängt empfindlich von den äußeren Zustandsbedingungen wie Temperatur, Druck und analytischer Konzentration der Bindungspartner ab. Da die Bildung und der Zerfall der H-Brücken mit außerordentlich großer Geschwindigkeit erfolgt, stellen sich die Gleichgewichte praktisch momentan ein.

1.2. *Wasserstoffbrücken und physikalische Eigenschaften*

Durch die Ausbildung intermolekularer H-Brücken ändern sich im jeweiligen System nicht nur die Zahl und die Masse der Teilchen, sondern auch die Geometrie und die elektronische Struktur der gebundenen Partner, zumindest ihrer funktionellen Gruppen. Wasserstoffbrückensysteme unterscheiden sich somit in ihren physikalischen Eigenschaften signifikant von vergleichbaren Systemen, in denen die einzelnen Teilchen als monomere Gebilde vorliegen. Physikalische Größen, die den Zustand des Gesamtsystems charakterisieren wie Schmelzpunkt, Siedepunkt, Dampfdruck, Verdampfungsenthalpie, Viskosität, Dielektrizitätskonstante oder Leitfähigkeit können ganz erheblich verändert werden. Abweichungen dieser Größen von denen des „Idealverhaltens“ stellen jedoch keinen eindeutigen Nachweis für die Existenz von H-Brücken dar, sondern deuten lediglich auf die Assoziation durch zwischenmolekulare Kräfte hin. Assoziierte Substanzen besitzen im Vergleich zu ihren Monomeren ein höheres effektives Molekulargewicht (osmotisch wirksame Teilchen). Die Erhöhung des Molekulargewichtes äußert sich in der Erniedrigung des Dampfdruckes und damit in der Erhöhung des Schmelz- bzw. Siedepunktes. Vergleicht man die Schmelz- und Siedepunkte isotyper Substanzen miteinander, so zeigt sich

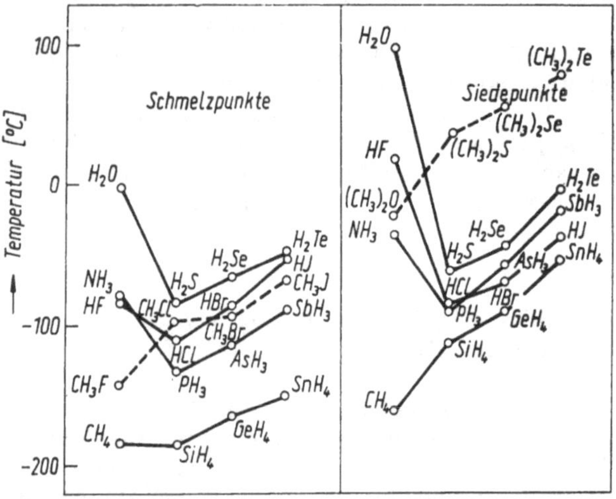

Abb. 2. Einfluß der H-Brückenbindung auf Schmelz- und Siedepunkte

ein mehr oder minder anomales Verhalten. Wie aus Abb. 2 zu ersehen ist, sinken die Schmelz- und Siedepunkte der Halogenwasserstoffe in der Reihe HJ, HBr und HCl mit fallendem Molekulargewicht, steigen jedoch für HF wieder an. Noch ausgeprägter ist die Anomalie des Wassers; der extrapolierte Siedepunkt für monomeres Wasser müßte bei etwa —80 °C, der extrapolierte Schmelzpunkt bei etwa —100 °C liegen. Auch NH_3 zeigt starke Abweichungen vom „Normalverhalten". Daß diese auffallenden Abweichungen tatsächlich durch Assoziation verursacht werden, ergibt der Vergleich mit den thermischen Konstanten der vollständig methylierten Derivate, in denen keine H-Brücken möglich sind (Abb. 2).

Ähnliche Abweichungen von „Normalverhalten" zeigen auch andere thermische Konstanten. Die empirische Beziehung zwischen der molaren Verdampfungsenthalpie und dem Siedepunkt: $\Delta H_v/T_S \sim 21$ cal · grad^{-1} · mol^{-1} (TROUTON-Konstante) gilt nicht für stark assoziierte Verbindungen. Der Zahlenwert dieses Quotienten beträgt für Wasser 26,0, für Äthanol 26,9, für Äther jedoch 20,2 cal · grad^{-1} · mol^{-1}. Die TROUTON-Konstante entspricht der molaren Verdampfungsentropie ΔS_v beim Siedepunkt unter dem Druck von 1 at. Der durchschnittliche Wert für assoziierte Verbindungen von etwa 26 cal × grad^{-1} · mol^{-1} weist darauf hin, daß bei der Verdampfung ein zusätzlicher Entropiegewinn von etwa 5 cal · grad^{-1} × mol^{-1} erfolgt. Er ergibt sich aus der Zunahme der Unordnung, die durch das Aufbrechen der relativ hoch strukturierten Assoziate beim Übergang in die gasförmige Phase erfolgt. Die niedrige TROUTON-Konstante der Essigsäure von 14,9 cal · grad^{-1} · mol^{-1} bestätigt die experimentelle Erfahrung, daß Essigsäure auch im gasförmigen Zustand assoziiert ist.

Die Bestimmung des effektiven Molekulargewichts erfolgt häufig aus Dampfdichtemessungen. Seine Änderung in Abhängigkeit von der Konzentration in verdünnten Lösungen kann leicht durch Messung der Gefrierpunktserniedrigung bzw. der Siedepunktserhöhung des Lösungsmittels bestimmt werden. Das Verhältnis des effektiven Molekulargewichtes zum Molekulargewicht des Monomeren M_{eff}/M gibt Hinweise über die mittlere Zähligkeit der Assoziate.

Großen Einfluß haben die H-Brücken auch auf die Löslichkeits- und Mischbarkeitsverhältnisse binärer Systeme. Da noch keine allgemeingültige Mischungstheorie existiert, ist man zur Beschreibung des Mischungsverhaltens auf eine Reihe von Erfahrungssätzen angewiesen. Gut mischen lassen sich in der Regel „ähnliche" Flüssigkeiten, d. h. Stoffe, in denen die Kohäsionskräfte zwischen den artverschiedenen Molekülen von etwa gleicher Natur und Größe sind wie zwischen den artgleichen. Stark assoziierte Verbindungen sind daher in „inerten" Lösungsmitteln häufig schwer löslich. Als gute Lösungsmittel für assoziierte Stoffe gelten hingegen Verbindungen mit Protonendonator- oder Protonenakzeptorgruppen.

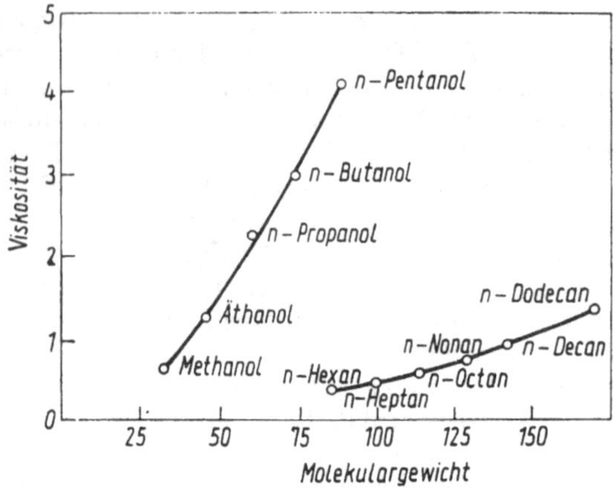

Abb. 3. Viskosität von n-Alkoholen und n-Alkanen bei 20 °C

Besonders empfindlich wirkt sich die Assoziation durch H-Brückenbildung auf die Viskosität aus. Wie aus Abb. 3 zu ersehen ist, besitzen die niedermolekularen n-Alkohole eine sehr viel höhere Viskosität als die höhermolekularen geradkettigen Paraffinkohlenwasserstoffe.

Charakteristische Veränderungen zeigen sich vielfach in sehr ausgeprägter Form im Schwingungsverhalten der assoziierten Moleküle, insbesondere der an der H-Brücke beteiligten Atomgruppierungen. Da die Intensität der durch H-Brücken beeinflußten Schwingungen ein Maß für die Konzentration der entsprechenden Teilchen darstellt, bietet die Molekülspektroskopie besonders günstige Voraussetzungen für die quantitative Bestimmung freier und durch H-Brücken gebundener Moleküle.

1.3. *Spezifische Merkmale von H-Brückensystemen*

Die H-Brückenbindung äußert sich in den physikalischen Eigenschaften des jeweiligen Systems recht unterschiedlich. Die Gründe hierfür beruhen in der komplexen Natur der sie verursachenden Kräfte. Es gibt noch immer keine geschlossene Theorie, die alle experimentellen Phänomene befriedigend widerspiegelt. Als zweckmäßig hat sich deshalb eine Definition der H-Brückenbindung erwiesen, die ihre wesentlichen physikalischen Eigenschaften verallgemeinert und die physikalischen Merkmale der an der Bindung beteiligten Atomgruppen einschließt.

Definition der H-Brückenbindung

H-Brückenbindungen existieren zwischen Protonendonatorgruppen A—H und Protonenakzeptorgruppen B, die sich in gleich- oder verschiedenartigen Molekülen befinden können, wenn

1. durch inter- oder intramolekulare Wechselwirkungen zwischen diesen Gruppen Assoziate oder Chelate gebildet werden, und
2. die Bindung über das H-Atom der Donatorgruppen erfolgt (symbolisiert durch die Formulierung A—H···B).

Der Nachweis der Assoziation kann durch alle physikalisch-chemischen Methoden erfolgen, die eine Ermittlung von effektiven Molekulargewichten bzw. die Abweichung des Systems vom thermischen Idealverhalten ermöglichen (z. B. thermodynamische und dielektrische Methoden). Sie allein stellen jedoch keinen eindeutigen Beweis für die Existenz von H-Brücken dar. Der direkte Nachweis einer H-Brückenbindung setzt die Bestimmung der Atompositionen und der Elektronendichteverteilung im Molekülkomplex voraus. Er kann nur durch spektroskopische Methoden und durch Röntgen- sowie Neutronenbeugungsanalysen erbracht werden. Große Bedeutung für die Untersuchung der Eigenschaften der H-Brückenbindung hat die Infrarot- und Ramanspektroskopie erlangt, da eine Reihe charakteristischer Molekülschwingungen die Beteiligung des kovalent gebundenen Protons der A—H-Gruppe und der Akzeptorgruppe B an der H-Brückenbindung eindeutig zeigen. Die NMR-Spektroskopie liefert wesentliche Aufschlüsse über die elektronische Umgebung des H-Atoms.

Donator- und Akzeptorgruppen

Die spezifischen Merkmale für die Bildung von H-Brücken durch Wechselwirkung einer Protonendonatorgruppe A—H mit einer Protonenakzeptorgruppe B und der daraus folgenden physikalischen Eigenschaften der H-Brückenbindung lassen sich nach folgenden Gesichtspunkten ordnen:

1. Das Wasserstoffatom einer Donatorgruppe muß an ein elektronegatives Atom gebunden sein, d. h. die Donatorgruppe muß einen partiellen ionischen Charakter besitzen. Bevorzugte Donatoratome sind O, N und F, bedingt geeignete S, P, Cl, Br, J und C.

2. Die Akzeptorgruppe muß leicht bewegliche Elektronen besitzen, entweder polarisierbare einsame Elektronenpaare (lone-pair-Orbitale) eines elektronegativen Atoms oder π-Elektronen ungesättigter oder aromatischer Systeme. Die Akzeptorgruppe kann eine mono- oder bifunktionelle Akzeptorfunktion besitzen. So wirkt z. B. die Oximgruppe =N—O—H als bifunktioneller Akzeptor.

3. Die H-Brückenbindung ist eine gerichtete Wechselwirkung. Ihre Stabilität ist am größten, wenn die Achsen der A—H-Bindung und des lone-pair-Orbitals linear angeordnet sind.

4. Die Bindungslänge der H-Brücke $r(A \cdots B)$ ist gleich oder kürzer als die Summe der VAN DER WAALS-Radien der Atome A und B.

5. Die Bindungsenergie der H-Brücke liegt im allgemeinen zwischen 2 und 10 kcal · mol^{-1}. Sie ist mit Ausnahme jener der Charge-transfer-Wechselwirkung (Kap. 2.2.), größer als die der übrigen zwischenmolekularen Kräfte.

6. Im Unterschied zur chemischen Bindung führt die relativ geringe Stabilität der H-Brückenbindung zu Assoziations- bzw. Chelatgleichgewichten.

2*

Tabelle 1

Protonendonator- und Protonenakzeptorgruppen

Donatorgruppe $A-\text{H}$	Beispiele	Akzeptorgruppe B	Beispiele
O–H	Wasser, Alkohole, Phenole, Carbonsäuren, Oxime, Organophosphorsäuren, Silanole, anorg. Sauerstoffsäuren (gasförmig bzw. in unpolaren Lösungsmitteln)	*einsame Elektronenpaare*	
		$>\text{O}:$	Wasser, Alkohole, Phenole, Äther
		$>\text{C}=\text{O}:$	Ketone, Ester, Carbonsäuren
N–H	primäre und sekundäre Amine, Pyrrole, Amide, Carbamate, Thiocyansäure	$(R_n)Z=\text{O}:$ ($Z=$N, S, P, As)	Nitro- und Nitrosoverbindungen, Pyridin-N-oxide, Sulfoxide, Sulfone, Phosphinoxide, Arsinoxide
S–H	Thiole, Thiophenole,	$-\text{N}\vert$ (mit drei Bindungen)	primäre, sekundäre und tertiäre Amine, Pyrrol, Pyridin, Oxime
X–H	Halogenwasserstoffe (gasf. bzw. in unpolaren Lösungsmitteln)	$>\text{S}:$	Thiole, Sulfide (Thioäther)
C–H	Chloroform und Haloforme, Acetylene, Cyanwasserstoff	$X^{\ominus}$	Halogenanionen, (Sauerstoffanionen)
P–H	Phosphine	$R-\overset{\oplus}{\text{N}}\equiv\overset{\ominus}{\text{C}}$	Isonitrile
Si–H	Silicochloroform		
		π-Elektronen	Acetylene, Olefine, Benzol u. Aromaten, Nitrile u. Cyanide

7. Durch die Wechselwirkung der $A-H$-Gruppe mit dem Akzeptor B wird die Bindungslänge $r(A-H)$ vergrößert. Die Akzeptorgruppe B erfährt Veränderungen im Sinne der Elektronendelokalisierung.

Die bekanntesten Donator und Akzeptorgruppen sind in Tab. 1 aufgeführt.

Typen der H-Brückenbindung

Je nachdem, ob ein Molekül Protonendonator- und Protonenakzeptorgruppen enthält oder nicht, können 4 Typen von Molekülen unterschieden werden (Tab. 2).

Tabelle 2

Klassifizierung der Moleküle entsprechend ihrer Protonendonator- und Protonenakzeptorfunktion

Typ	Molekül enthält		Beispiele
	Protonendonatorgruppen	Protonenakzeptorgruppen	
I	ja	ja	Wasser, Alkohole, Phenole, Carbonsäuren, Oxime, prim. u. sek. Amine
II	ja	nein	Haloforme, Acetylen
III	nein	ja	Ketone, Ester, Äther, Olefine, Aromaten, tert. Amine, Nitrile
IV	nein	nein	gesättigte Kohlenwasserstoffe, Tetrachlormethan, Schwefelkohlenstoff

Die Kombination von Molekülen der einzelnen Typen führt zu verschiedenen Klassen von H-Brückenbindungen. Grundsätzlich können H-Brücken gebildet werden, wenn Moleküle der Typen I bis III beteiligt sind. Die Moleküle des Typs IV dienen häufig als „inerte“ Lösungsmittel für Untersuchungen von H-Brückensystemen in flüssiger Phase.

Die Kombination von zwei Molekülen der Typen II und III führt zu *Donator-Akzeptor-Komplexen*. Die Stärke dieser H-Brückenkomplexe ist in grober Näherung der relativen Acidität des Donators II und der Basizität des Akzeptors III proportional. Als Beispiel sei das System Chloroform + Pyridin angeführt:

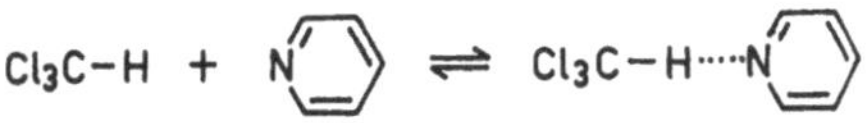

H-Brückenbildung zwischen Molekülen des Typs I führt zur Eigenassoziation. Es entstehen in Abhängigkeit von Konzentration und Temperatur Assoziate unterschiedlicher Zähligkeit (Polymere) und Struktur (offen oder cyclisch), die mit den nichtassoziierten Molekülen (Monomeren) im gekoppelten Gleichgewichtszustand stehen (Kap. 2.1.6.). Wenn Donator und Akzeptor verschiedenen Molekülen angehören, werden *intermolekulare H-Brücken* gebildet. Befinden sich Donator- und Akzeptorgruppe im gleichen Molekül und in günstiger räumlicher Position, so entstehen *intramolekulare H-Brücken*.

Die Kombination von Molekülen des Typs I mit Molekülen des Typs II oder III führt zu H-Brückengleichgewichten von mitunter sehr komplexer Natur. Es bilden sich Donator-Akzeptor-Komplexe zwischen der Donatorgruppe des Moleküls vom Typ I und dem Akzeptor vom Typ III (Beispiel: Phenol + Pyridin) oder zwischen der Akzeptorgruppe des Moleküls vom Typ I und dem Donator vom Typ II (Beispiel: Chloroform + Äthanol). Diese Komplexe stehen mit den Eigenassoziaten der Moleküle des Typs I im Gleichgewicht. Im allgemeinen sind die experimentellen Ergebnisse derartiger Systeme auf Grund der Komplexizität der möglichen Molekülassoziate nur schwierig zu interpretieren. Für die quantitative Untersuchung von Assoziationsgleichgewichten haben sich deshalb mit einem inerten Lösungsmittel (z. B. CCl_4) genügend verdünnte Lösungen als nützlich erwiesen. Die Gleichgewichtsverhältnisse in derartigen binären und ternären Systemen lassen sich relativ gut überschauen, da bei entsprechender Verdünnung nur wenige Assoziattypen nebeneinander vorliegen. Bei Konzentrationen $< 10^{-3}$ mol · l^{-1} liegen die meisten Moleküle vollständig entassoziiert vor. Relativ konzentrationsunabhängig sind die intramolekularen H-Brücken sowie starke intermolekulare H-Brücken mit cyclischer Struktur der Assoziate (Carbonsäuredimere, Oximassoziate).

2. Methoden zur Untersuchung von H-Brückensystemen

2.1. *Infrarot- und* RAMAN-*Spektroskopie*

Jede Änderung der Strukturparameter eines freien Moleküls wirkt sich mehr oder minder spezifisch auf die Frequenzen und Intensitäten ihrer Schwingungen aus. Das trifft auch zu, wenn bei genügender Annäherung der Moleküle zwischenmolekulare Kräfte wirksam werden. Einen besonders deutlichen und unmittelbaren Einfluß verursacht die Bildung von Wasserstoffbrücken. Wegen der hohen Empfindlichkeit, mit der die H-Brückenbildung auf die Frequenzen und Intensitäten einer Vielzahl von Kernschwingungen einwirken, ist der Informationsgehalt der Schwingungs- vor allem der Infrarotspektren sehr hoch.

2.1.1. Einfluß der H-Brückenbindung auf das Schwingungsspektrum

Molekülschwingungen mit kleinen Amplituden gehorchen in grober Näherung dem HOOKschen Gesetz, können also als harmonisch angesehen werden. Die Potentialenergie als Funktion des Abstands zweier schwingender Atome läßt sich durch die Parabelgleichung

$$U(r) = \frac{1}{2} k(r - r_e)^2 \qquad (1)$$

beschreiben. Hierin ist r die Abstandsvariable, r_e der Gleichgewichtsabstand und k die Kraftkonstante. Die Schwingungsenergie E_v ergibt sich für den harmonischen

Oszillator zu

$$E_v = \left(v + \frac{1}{2}\right) \frac{h}{2\pi} \left(\frac{k}{m_r}\right)^{1/2} = \left(v + \frac{1}{2}\right) h\nu; \quad v = 0, 1, 2, \ldots \tag{2}$$

Es bedeuten v die Schwingungsquantenzahl, ν die Schwingungsfrequenz und m_r die reduzierte Masse $\left(m_r = m_1 m_2/(m_1 + m_2)\right)$. Wie zu ersehen ist, ergeben die Schwingungsquantenzahlen diskrete Energieniveaus mit äquidistantem Abstand. Aus Gl. (2) folgt schließlich für die Schwingungsfrequenz ν*) die Beziehung

$$\nu = \frac{1}{2\pi} \left(\frac{k}{m_r}\right)^{1/2} \tag{3}$$

In der praktischen Schwingungsspektroskopie wird jedoch nicht die Frequenz (sec^{-1}), sondern die Wellenzahl $\tilde{\nu} = \nu/c$ (cm^{-1}) verwendet Gl. (3) gilt näherungsweise auch für die AH-Valenzschwingungen in vielatomigen Molekülen.

Die wahren Schwingungen, selbst der zweiatomigen Moleküle, sind jedoch anharmonisch, und zwar um so stärker, je größer ihre Amplitude ist. Die Anharmonizität wird in guter Näherung durch die empirische Morsefunktion wiedergegeben (Abb. 4). Danach gilt für die Potential-

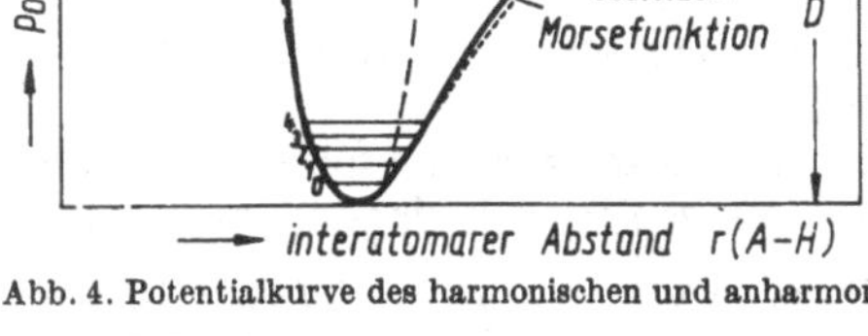

Abb. 4. Potentialkurve des harmonischen und anharmonischen Oszillators

*) Mit ν wird vielfach auch die Wellenzahl bezeichnet; es gilt $\tilde{\nu} = \nu/c$ (cm^{-1}).

energie des anharmonischen Oszillators:

$$U(r) = D[1 - e^{-a(r-r_e)^2}] \tag{4}$$

D ist die Bindungsdissoziationsenergie, a eine Molekülkonstante. Im Modell des anharmonischen Oszillators werden die Abstände zwischen den Energieniveaus mit zunehmender Schwingungsquantenzahl v geringer. Dadurch weichen die Frequenzen der Oberschwingungen mehr oder weniger vom entsprechenden Vielfachen der Grundschwingung ab. Zur Charakterisierung der mechanischen Anharmonizität dient die Anharmonizitätskonstante X_{ij}. Sie kann für die häufig untersuchte 1. Oberschwingung nach $X_{12} = \nu_{01} - \nu_{02}/2$ leicht aus den experimentell ermittelten Frequenzen berechnet werden.

Die Zahl der Eigenschwingungen (Normalschwingungen) eines Moleküls bzw. Molekülkomplexes wird durch die Anzahl der Schwingungsfreiheitsgrade bestimmt. Ein N-atomiges nichtlineares Molekül (Molekülkomplex) hat 3N−6 Schwingungsfreiheitsgrade. Für spektroskopische Untersuchungen von H-Brückenkomplexen sind vor allem die Molekülschwingungen von Interesse, an denen die Brückenatome A, H und B weitgehend beteiligt sind. Sie sollen im folgenden als typische Schwingungen bezeichnet werden. Experimentell einfach zugänglich und gut bekannt sind die AH-Valenz- und Deformationsschwingungen. Sie unterscheiden sich hinsichtlich ihrer Frequenz und Intensität stark von den entsprechenden Schwingungen des freien Donatormoleküls. Die eigentlichen intermolekularen Schwingungen der H-Brücke finden sich im fernen Infrarot. Tab. 3 enthält eine Zusammenstellung der typischen Schwingungen eines A—H···B-Komplexes.

Die Bildung von H-Brücken führt zu folgenden charakteristischen Veränderungen im Schwingungsspektrum:

1. Die $\nu(A\text{H})$-Valenzschwingungsbande wird nach niederen Frequenzen verschoben. Die Wellenzahlverschiebung kann etwa 30−1000 cm^{-1} betragen.

2. Gleichzeitig nimmt die Bandenbreite der $\nu(A\mathrm{H})$-Valenzschwingung stark zu, Bandenbreiten von einigen Hundert cm^{-1} sind nicht ungewöhnlich. Häufig weist die Assoziatbande eine konzentrations- und temperaturabhängige Substruktur auf.

3. Die Intensität der $\nu(A\mathrm{H})$-Valenzschwingung erhöht sich etwa um den Faktor 2–40.

4. Die $\delta(A\mathrm{H})$- und $\gamma(A\mathrm{H})$-Deformationsschwingungen werden nach höheren Frequenzen verschoben. Eine spezifische Änderung von Bandenbreite und Intensität tritt im allgemeinen nicht ein.

5. Im fernen *IR* ($<250\ \mathrm{cm}^{-1}$) absorbieren die intermolekularen Schwingungen der H-Brücke. Diese Schwingungen sind wenig intensiv und häufig von anderen Schwingungen überlagert, ihre eindeutige Zuordnung bereitet Schwierigkeiten. Spektroskopisch nachweisbar waren bisher vor allem die $\nu(A\mathrm{H}\cdots B)$-Brückenvalenzschwingungen; die Brückendeformationsschwingungen entziehen sich vielfach der Beobachtung.

6. Frequenz und Intensität der Schwingungen der Akzeptorgruppe B (z. B. der C=O-Valenzschwingung) werden durch die

Tabelle 3

Typische Schwingungen eines $A-\mathrm{H}\cdots\mathrm{B}$-Komplexes

Schwingungsbild	Schwingungstyp	Bezeichnung	Wellenzahlbereich [cm^{-1}]
$A\leftarrow\mathrm{H}\rightarrow\cdots B$	$\nu(A-\mathrm{H})$	AH-Valenzschwingung	3500–2500
$A-\mathrm{H}\cdots B$ (H: ↖ ↙)	$\delta(A-\mathrm{H})$	AH-Deformationsschwingung (in-plane)	1400–1200
$A-\mathrm{H}\odot\cdots B$	$\gamma(A-\mathrm{H})$	AH-Deformationsschwingung (out-of-plane)	900– 350
$A-\mathrm{H}\cdots\leftarrow B\rightarrow$	$\nu(A\mathrm{H}\cdots B)$	$A\mathrm{H}\cdots B$-Brückenvalenzschwingung	250– 100
$A-\mathrm{H}\cdots B$ (B: ↑ ↓)	$\delta(A\mathrm{H}\cdots B)$	$A\mathrm{H}\cdots B$-Deformationsschwingung (in-plane)	150– 30
$A-\mathrm{H}\cdots\odot B$	$\gamma(A\mathrm{H}\cdots B)$	$A\mathrm{H}\cdots B$-Deformationsschwingung (out-of-plane)	

$\odot$ Schwingung senkrecht zur Zeichenebene

H-Brückenbindung gleichfalls beeinflußt. Die beobachteten Effekte sind meist gering und verlaufen nicht signifikant in eine Richtung.

Abb. 5 zeigt als Beispiel die Schwingungsspektren einiger stark assoziierter Verbindungen.

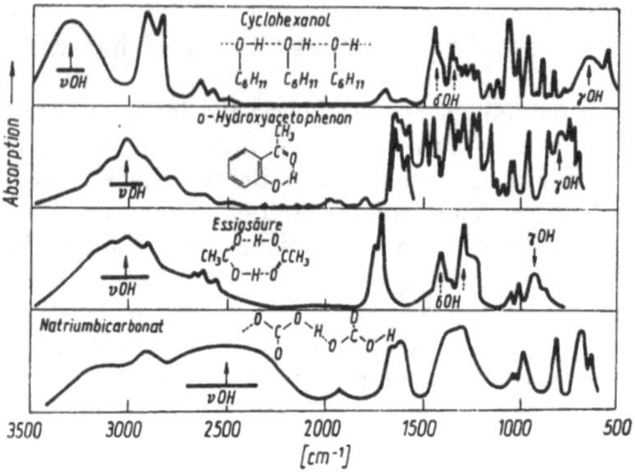

Abb. 5. *IR*-Spektren assoziierter Verbindungen [A] oder A)

a) Cyclohexanol (intermolekulare H-Brücken)

b) o-Hydroxyacetophenon (intramolekulare H-Brücken)

c) Essigsäure (intermolekulare H-Brücken)

d) Natriumbicarbonat (intermolekulare H-Brücken)

Das Schwingungsspektrum assoziierter Moleküle ist meist sehr kompliziert. Zu den 3N−6 Normalschwingungen, von denen einige *IR*-inaktiv sein können, kommen die verschiedensten Oberschwingungen, Kombinationsschwingungen, Resonanzaufspaltungen (Fermi-Resonanz) sowie Schwingungen angeregter Moleküle (hot bands) hinzu. Die beobachteten Schwingungsbanden sind zudem sehr unterschiedlich in ihrer Halbwertsbreite und Intensität. Eine eindeutige Zuordnung und Auswertung verschiedener typischer Schwingungen des H-Brückenkomplexes ist deshalb häufig schwierig oder nicht möglich.

2.1.2. *Frequenz und Intensität der Valenz- und Deformationsschwingungen der Donatorgruppe*

Der am deutlichsten ausgeprägte Effekt der H-Brückenbindung auf das Schwingungsspektrum ist die Verschiebung der AH-Valenzschwingung und ihrer Oberschwingungen nach niederen Frequenzen. Die Frequenzverschiebung $\Delta\nu$ gilt als ein primäres Kriterium für die Existenz von H-Brücken und als Maß für die Stärke der H-Brückenbindung. Sie wurde in vielfältiger Weise mit thermodynamischen und molekularen Parametern der H-Brückenbindung korreliert (Kap. 5.2.).

Die Erniedrigung der $\nu(A\mathrm{H})$-Frequenz läßt sich auf der Grundlage von Gl. (3) plausibel deuten. Durch die Bildung der H$\cdots B$-Bindung wird die AH-Bindung gelockert und die Kraftkonstante $k_{A\mathrm{H}}$ erniedrigt. Im Einklang damit steht die Beobachtung, daß mit zunehmender Stärke der H-Brücke der Abstand $r(A\cdots B)$ abnimmt, die Bindungslänge $r(A-\mathrm{H})$ aber vergrößert wird.

Gleichzeitig wird die AH-Valenzschwingungsbande teilweise extrem verbreitert. Dieses Phänomen ist seit langem Gegenstand einer lebhaften wissenschaftlichen Diskussion. Keine der gegenwärtigen Theorien ist jedoch so verallgemeinerungsfähig, daß sie die komplexen Ursachen der Bandenverbreiterung befriedigend widerspiegelt. Die wichtigsten theoretischen Argumente seien im folgenden kurz dargestellt.

1. Superpositionsprinzip

Die Bandenbreite resultiert aus der Überlagerung verschiedener Subbanden unterschiedlicher Frequenz, die durch die AH-Absorption nichtäquivalenter Assoziattypen entstehen (vgl. Abb. 12). Diese stark vereinfachten Vorstellungen befriedigen aber nicht, da auch definierte 1:1-H-Brückenkomplexe eine breite und intensive Assoziatbande aufweisen.

2. Kopplung der anharmonischen $\nu(AH)$ und $\nu(AH\cdots B)$-Schwingungen:

Das Prinzip der von STEPANOV [2] entwickelten qualitativen Vorstellungen über die Bandenverbreiterung beruht auf der Kopplung der anharmonischen $\nu(AH)$- und $\nu(AH\cdots B)$-Valenzschwingungen, die zu einer Serie von Kombinationsschwingungen der Form $\nu(AH) \pm n\nu(AH\cdots B)$ führt (Frequenzmodulation). Die Kopplung versteht sich als eine Folge der niedrigen Dissoziationsenergie der H-Brücke, die mit der Energie der $\nu(AH)$-Schwingung vergleichbar ist. Das Ausmaß der Kopplung hängt wesentlich von der Anharmonizität der Schwingungen ab, letztere wird durch die Form der Potentialenergie-

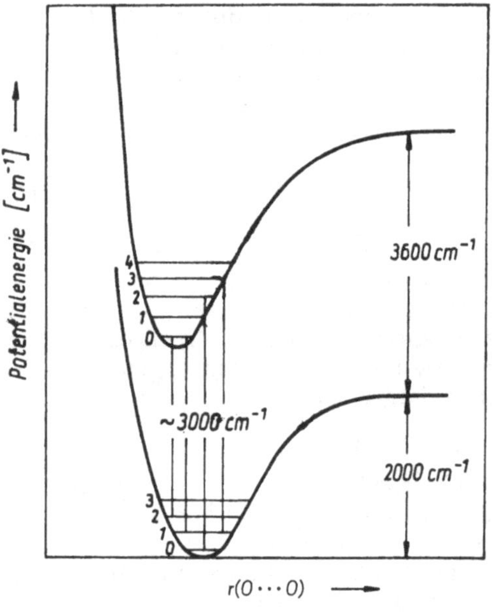

Abb. 6. Energieniveaudiagramm eines OH···O-Systems mittlerer Stärke für Übergänge des Typs $\nu(OH) \pm n\nu(OH\cdots O)$

funktion des H-Brückensystems bestimmt. In Abb. 6 ist die Schwingungskopplung in einem Energieniveaudiagramm für ein OH···O-System mittlerer Stärke schematisch dargestellt. Die untere Kurve gibt die Potentialenergie der H-Brücke in Abhängigkeit vom Abstand $r(\mathrm{O}\cdots\mathrm{O})$ für den Schwingungsgrundzustand wieder. Die obere Kurve beschreibt einen angeregten Zustand des Systems, der durch eine ν_{01}(OH)-Schwingung hervorgerufen wird. Sie ist etwas nach links verschoben und geringfügig steiler, da die H-Brücke im angeregten Zustand stärker wird (das Proton befindet sich näher an B). Nach dem FRANCK-CONDON-Prinzip sind die Schwingungsübergänge am wahrscheinlichsten, bei denen sich der $r(\mathrm{O}\cdots\mathrm{O})$-Abstand am geringfügigsten ändert. Durch Schwingungskopplung mit den $\nu(\mathrm{OH}\cdots\mathrm{O})$-Schwingungen entsteht ein breites Spektrum von Kombinationsschwingungen mit teilweise beträchtlicher Intensität. Die mittlere Frequenz der Assoziatbande beträgt etwa 3000 cm^{-1}. COULSON und ROBERTSON [3] haben diese qualitativen Vorstellungen durch quantenmechanische Betrachtungen bestätigt. Sie erhielten relativ einfache mathematische Beziehungen für die effektive Potentialfunktion der H-Brücke bei beliebigen $\nu(A\mathrm{H})$-Schwingungszuständen. Die Berechnung der Intensitäten der einzelnen Kombinationsschwingungen von einfachen Donator-Akzeptor-Systemen ergab ein qualitativ richtiges Bild, jedoch sind die experimentell beobachteten Effekte größer, was bedeutet, daß auch andere Ursachen zur Bandenverbreiterung beitragen.

3. FERMI-Resonanz

Haben die $\nu(A\mathrm{H})$-Grundschwingung und andere Molekülschwingungen annähernd die gleiche Frequenz, so kommt es infolge der Anharmonizität der Schwingungen zur Resonanz, wenn die Schwingungen zur gleichen Symmetrieklasse gehören. Die Resonanz führt zu zwei neuen Absorptionsbanden annähernd gleicher Intensität bei etwas niederer und etwas höherer Frequenz (Resonanzaufspaltung). Die Wahrscheinlichkeit für Fermi-Resonanz ist in vielatomigen H-Brückenkomplexen mit ihrer großen Anzahl von Grund-, Kombinations- und Oberschwingungen besonders hoch. Da andererseits durch die Frequenzmodulation ein breites Spektrum von $\nu(AH) \pm n\nu(AH\cdots B)$-Kombinationsschwingungen zur Verfügung steht, verstärken sich beide Effekte.

Experimentell überzeugend konnte u. a. die Substruktur der Assoziatbande von Phenol-Pyridinkomplexen auf Fermi-Resonanz zurückgeführt werden.

4. Schwingungskopplung in Kettenassoziaten

Die Bandenbreite der OH-Valenzschwingung kristalliner Alkohole und Phenole wird wahrscheinlich durch die Schwingungskopplung benachbarter OH-Gruppen in den OH···OH····-Kettenassoziaten verursacht [4]. Die Assoziatbande von kristallinem n-Dekanol ist bei tiefen Temperaturen in zwei Teilbanden unterschiedlicher Intensität aufgespalten. Entsprechend Abb. 7 werden den Teilbanden folgende gekoppelte Schwingungen zugeordnet:

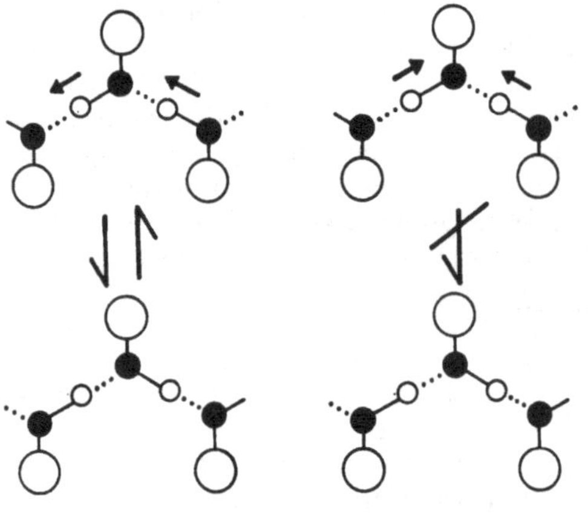

Abb. 7. Gekoppelte ν(OH)-Schwingungen einer $(ROH)_n$-Kette in einem festen Alkohol

○ Molekülrest, ● Sauerstoffatom, o Wasserstoffatom

(1) In-phase-Schwingung. Die gleichgerichtete Protonenbewegung begünstigt die Tautomerie (untere äquivalente Struktur). Die Schwingung führt zu einer breiten Bande mit niedrigerer Frequenz.

(2) Out-of-phase-Schwingung. Sie behindert die Tautomerie und führt zu einer schmaleren Bande bei höherer Frequenz.

Bei partiellem Isotopenaustausch mit (n-Dekanol-*OD*) erfolgt teilweise Entkopplung der Schwingungen (Isotopenverdünnungseffekt). Es erscheint eine neue, relativ schmale Bande bei mittlerer Frequenz. Diese Bande wird der entkoppelten ν(OH)-Schwingung im Assoziat zugeordnet. Die Existenz der In-phase- und Out-of-phase-Schwingungen wurde kürzlich auch für Phenole in Lösung nachgewiesen [5]. Diese Ergebnisse lassen die interessante Schlußfolgerung zu, daß die Bandenbreite einer isolierten ν(*A*H)-Valenzschwingung in einem H-Brückenkomplex prinzipiell gering ist. Die Bandenverbreiterung wird letztlich durch verschiedenartige Wechselwirkungsfaktoren hervorgerufen, die die Anharmonizität der Schwingung erhöhen [6].

Zunehmende Bedeutung hat die Messung und Interpretation der Intensität der *A*H-Valenzschwingung erlangt. Wirken auf ein isoliertes Molekül zwischenmolekulare Kräfte ein, z. B. beim Phasenübergang gasförmig-flüssig oder in flüssigen Mischsystemen, so erhöht sich grundsätzlich die Intensität der *A*H-Valenzschwingung. Sie ist deshalb ein empfindlicher Indikator für Veränderungen der Bindungsverhältnisse im Molekül durch zwischenmolekulare oder andere Kräfte, jedoch kein unmittelbares Kriterium für die Existenz von H-Brücken. Für die Integralabsorption A_i der Normalschwingung ν_{01} gilt in der Näherung des harmonischen Oszillators die grundlegende Beziehung:

$$A_i = \frac{\pi \cdot N}{3c^2} \left(\frac{\partial \mu}{\partial Q_i}\right)^2 \tag{5}$$

Der bestimmende Faktor der Intensität ist die Änderung des molekularen Dipolmoments mit der Normalkoordinate $\partial\mu/\partial Q_i$, c ist die Lichtgeschwindigkeit und N die AVOGADROsche Zahl. Die Angabe der Intensität erfolgt meist in „praktischen" Einheiten, die mit den spektralen Meßparametern gemäß der Definition $A_{pr} = (1/cd) \int \lg (I_0/I)\, d\nu [l \cdot mol^{-1} \cdot cm^{-2}]$ verknüpft sind. Bei den AH-Valenzschwingungen kann für $\partial\mu/\partial Q_i$ näherungsweise $\partial\mu_{AH}/\partial r_{AH}$ gesetzt werden. Dann folgt aus Gl. (5) bei Einführung der reduzierten Masse m_r die wichtige Gl. (6) (A_i in $cm \cdot mol^{-1}$):

$$A_i = \frac{\pi \cdot N}{3 \cdot 10^3\, m_r c^2} \left(\frac{\partial\mu_{AH}}{\partial r_{AH}}\right)^2 \tag{6}$$

Bei Berücksichtigung der elektrischen Anharmonizität der Schwingung wird die Intensität durch die Dipolmomentfunktion der Schwingung bestimmt. Sie läßt sich für die AH-Gruppe in folgende einfache Reihe entwickeln:

$$\mu(r) = \mu_0 + \left(\frac{\partial\mu}{\partial r}\right)_{r_0} (r - r_0) + \frac{1}{2}\left(\frac{\partial^2\mu}{\partial r^2}\right)_{r_0} (r - r_0)^2 + \cdots \tag{7}$$

Das Bindungsmoment der AH-Gruppe ändert sich nach Gl. (7) periodisch mit dem Abstand $r(A\mathrm{H})$ während der Schwingung, μ_0 ist das Bindungsmoment beim Gleichgewichtsabstand r_0. Die Größe der Ableitung $\partial\mu/\partial r$ bestimmt nach Gl. (7) die Intensität der Grundschwingung. Die Intensität der Ober- und Kombinationsschwingungen hingegen ergibt sich aus der elektrischen Anharmonizität, d. h. der Größe der zweiten und höheren Ableitungen des Dipolmoments. Sie ist gering; die höheren Ableitungen stellen nur Korrekturen dar.

Die Intensität der $\nu_{01}(A\mathrm{H})$-Bande erhöht sich durch die H-Brückenbindung etwa um den Faktor 2—40. Die Intensitätserhöhung wird (unter Vernachlässigung der mechanischen Anharmonizität) durch die Zunahme der Dipolmomentänderung $\partial\mu_{AH}/\partial r_{AH}$ (Gl. (6)) hervorgerufen. Im Bereich der 1. Oberschwingung wird die Intensität der $\nu_{02}(A\mathrm{H})$-Bande durch die H-Brückenbindung erniedrigt. Dieser interessante Effekt kommt durch die relativ hohe Polarität der AH···B-Brücke zustande, sie führt zu einem Kompensationseffekt der Beiträge von mechanischer und elektrischer Anharmonizität zur Intensität der Oberschwingung [7].

Die Änderung der Intensität der AH-Valenz- und Deformationsschwingungen durch die H-Brückenbin-

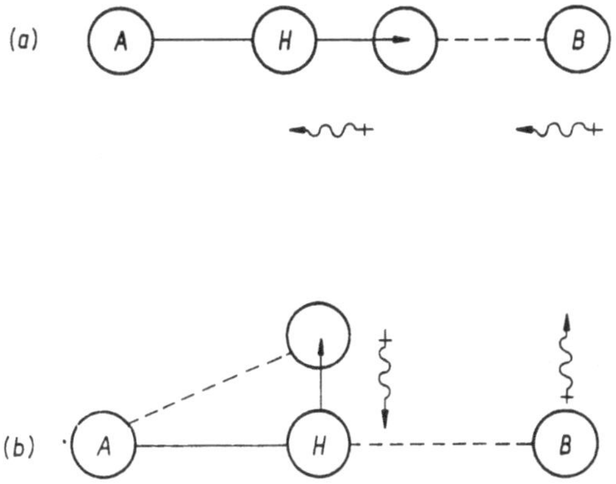

Abb. 8. Bindungsmomentänderungen während (a) einer AH-Valenzschwingung und (b) einer AH-Deformationsschwingung in einer AH···B-Brücke

dung wird anschaulich durch das „Modell der pulsierenden Ladungswolken“ (pulsed charge cloud model) von BOOBYER und ORVILLE-THOMAS [8] beschrieben. Es baut auf älteren Vorstellungen von PIMENTEL [9] auf, der das Intensitätsverhalten auf die Polarisation des Akzeptors B durch die AH-Gruppe zurückführt. Abb. 8 zeigt die Änderung des Dipolmoments in einer AH···B-Brücke während einer AH-Valenz- und einer AH-Deformationsschwingung.

Die polare AH-Gruppe mit dem Bindungsmoment μ_0 induziert in den leicht polarisierbaren lone-pair-Elektronen des Akzeptors B ein Dipolmoment μ_i. Die Schwingung der AH-Gruppe setzt die Ladungswolke der lone-pair-Elektronen ebenfalls in eine pulsierende Bewegung, die der Oszillation des Protons entgegengerichtet ist. Die Dipolmomentänderung des H-Brückenkomplexes ergibt sich dann zu:

$$\left(\frac{\partial\mu}{\partial r}\right)_{r_0,\text{ass}} = \left(\frac{\partial\mu_0}{\partial r}\right)_{r_0} + \left(\frac{\partial\mu_i}{\partial r}\right)_{r_0} \tag{8}$$

Da die Intensität der Assoziatbande dem Quadrat von $(\delta\mu/\delta r)_{r_0,\text{ass}}$ proportional ist, trägt das induzierte Moment beträchtlich zur Intensitätserhöhung bei. Die Änderung der Intensität der AH-Deformationsschwingungen ist demgegenüber gering. Wie aus Abb. 8 ersichtlich, ist dies die Folge einer teilweisen Kompensation der pulsierenden Momente.

Eine andere Deutung des Intensitätsverhaltens geht auf die Annahme einer Charge-transfer-Wechselwirkung in der H-Brücke zurück (Kap. 3.2.). Die Ladungsübertragung vom Elektronendonator B auf das Proton der AH-Gruppe kann durch die Resonanzstrukturen $A\text{H}\cdots B \leftrightarrow A^{-}\text{—H}^{-}\cdots B^{+}$ beschrieben werden. Der Beitrag der polaren Struktur führt zu einem zusätzlichen Charge-transfer-Moment μ_{ct} in der H-Brücke. Während der Schwingung der AH-Gruppe ändert sich μ_{ct} ebenfalls periodisch, sodaß die Gesamtdipolmomentänderung nach Tsubomura [10] durch Gl. (9) näherungsweise beschrieben werden kann:

$$\left(\frac{\partial\mu}{\partial r}\right)_{r_0,\text{ass}} = \left(\frac{\partial\mu}{\partial r}\right)_{r_0,\text{mon}} + \left(\frac{\partial\mu_{\text{ct}}}{\partial r}\right)_{r_0} \tag{9}$$

Der Einfluß des Elektronen-charge-transfers als Hauptursache für die Intensitätserhöhung ist jedoch umstritten. In Tab. 4 sind die Intensitäten der NH-Valenzschwingung von H-Brückenkomplexen des Diphenylamins mit Protonenakzeptoren sowie aus der Intensität abgeleitete Größen aufgeführt [11].

Tabelle 4
Intensität der NH-Valenzschwingung von Komplexen des Diphenylamins mit Protonenakzeptoren in CCl_4

Donator	Akzeptor	A [$l \cdot mol^{-1}\ cm^{-2}$]	$(\partial\mu/\partial r)_{r_0,ass}$ [D/Å]	$(\partial\mu_{ct}/\partial r)_{r_0}$ [D/Å]
Diphenyl-	–	3870	0,928	–
amin	Aceton	11700	1,62	0,69
	Dioxan	18200	2,01	1,08
	Pyridin	29300	2,55	1,62
	Piperidin	36000	2,83	1,90

Die $\partial(A\text{H})$ und $\gamma(A\text{H})$-Deformationsschwingungen wurden weniger häufig untersucht. Mit den Frequenzbereichen von etwa 1400–1200 cm^{-1} für die in-plane-Deformationsschwingung $\delta(A\text{H})$ sowie etwa 900–350 cm^{-1} für die out-of-plane-Deformationsschwingung $\gamma(A\text{H})$ fallen sie in das „finger-print"-Gebiet des Spektrums, einen Bereich, in dem eine Vielzahl von Valenz- und Deformationsschwingungen des Molekülrestes (ν(C—C), ν(C—O), $\delta(CH_2)$ u. a.) absorbieren. Die AH-Deformationsschwingungen sind deshalb schwer auffindbar bzw. auswertbar. Die AH-Deformationsschwingungen werden durch die H-Brückenbindung nach höheren Frequenzen verschoben, da die Fixierung der AH-Gruppe durch den Akzeptor B die Auslenkung der AH-Gruppe aus der Bindungsrichtung erschwert. Die Frequenzverschiebung ist der Stärke der H-Brücken ebenfalls näherungsweise proportional. Die Änderung der Bandenbreite und Intensität der AH-Deformationsschwingungen sind im Vergleich zur AH-Valenzschwingung weniger groß und verlaufen nicht signifikant in eine Richtung.

Untersuchungen im Gebiet der Oberschwingungen, hauptsächlich der AH-Valenzschwingung, gewinnen seit einiger Zeit zunehmend an Bedeutung, z. B. bei der quantitativen Charakterisierung des Assoziationsgleichgewichtes. Das Spektrum weist im Vergleich zum Grundschwingungsbereich einige typische Besonderheiten auf. So konnte SANDORFY [6] mittels systematischer Untersuchungen zeigen, daß die mechanische Anharmonizität (s. S. 20) der OH- und der NH-Valenzschwingung von Alkoholen und Aminen durch die H-Brückenbildung nur geringfügig abnimmt. Die Frequenzverschiebung des Bandenmaximums der freien und gebundenen $A-$H-Gruppe ist daher meist so groß, daß Überlappungen der Banden gering sind. Deutlich bemerkbar macht sich hingegen die Abnahme der elektrischen Anharmonizität, d. h. des Verhältnisses der Intensitäten der betrachteten Bande im Grund- und Oberschwingungsbereich. Diese Erscheinung führt dazu, daß im Bereich der Oberschwingungen auch bei stark assoziierten Verbindungen die Intensität der Assoziatbande im Vergleich zur Monomerenbande niedrig ist. Während z. B. nach Luck und Ditter [12] die Intensität der OH-Valenzgrundschwingung von Methanol in CCl_4 im freien und assoziierten Zustand 2250 bzw. 22900 $l \cdot mol^{-1} \cdot cm^{-2}$ beträgt, sind die entsprechenden Intensitäten der Banden im Bereich der 1. Oberschwingung nahezu gleich (117 bzw. 133 $l \cdot mol^{-1} \cdot cm^{-2}$). Die beschriebenen Verhältnisse sind in den Abb. 9 und 10 am Beispiel eines substituierten Phenols (2,6-Diisopropylphenol) verdeutlicht [13].

Bei 20 °C ist die untersuchte Substanz auf Grund der sterischen Behinderung der OH-Gruppe praktisch nicht assoziiert, im Grund- und Oberschwingungsbereich erscheint nur die Monomerenbande. Wird die Temperatur verniedrigt, so verstärkt sich die Assoziation. Beim Vergleich beider Spektren fällt die relative Abnahme der Intensität der Assoziatbande im Vergleich zur Monomerenbande im Bereich der 1. Oberschwingung deutlich auf. Die Assoziatbande wirkt sich bei quantitativen Untersuchungen an der OH-Monomerenbande im Oberschwingungsbereich kaum störend aus. Nachteilig ist allerdings die grundsätzlich niedrige Intensität aller Oberschwingungen (s. S. 28). Untersuchungen im nahen Infrarot erfordern daher Messungen bei relativ hohen Schichtdicken (etwa 1 mm—10 cm) und somit einen relativ großen Bedarf an Substanz und Lösungsmittel.

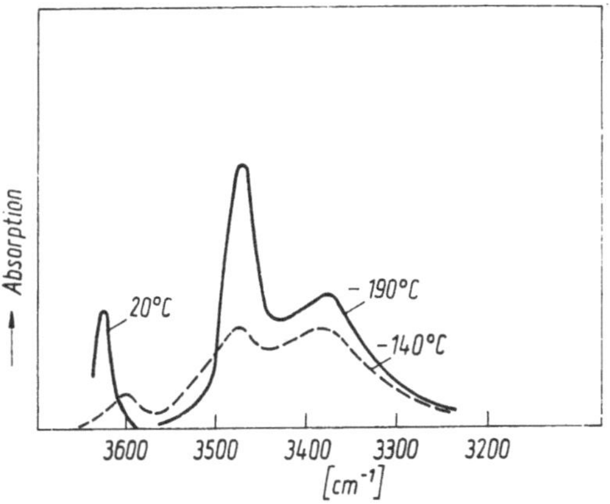

Abb. 9. OH-Valenzgrundschwingung von 2,6-Diisopropylphenol in CCl_3F bei verschiedenen Temperaturen, Konz. bei 20 °C 0,118 mol · l^{-1}, Schichtdicke 0,183 mm

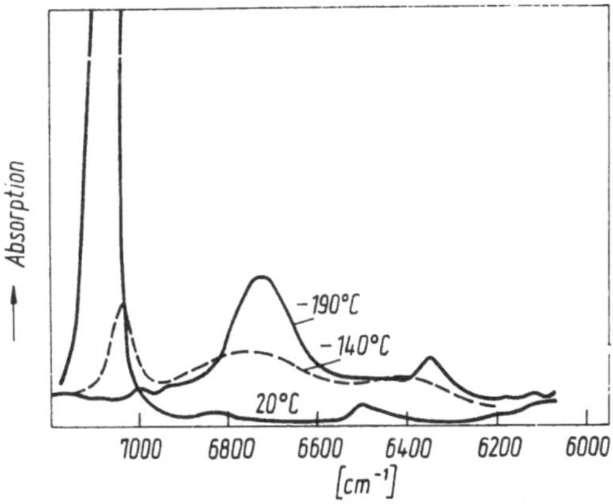

Abb. 10. 1. OH-Valenzoberschwingung von 2,6-Diisopropylphenol in CCl_3F bei verschiedenen Temperaturen, Konz. bei 20 °C 0,117 mol · l^{-1}, Schichtdicke 10 cm

2.1.3. *Abhängigkeit der Bandenparameter der Valenzschwingung der Donatorgruppe von den Zustandsbedingungen*

Frequenz, Bandenbreite und Intensität der *A*H-Valenzschwingung sind in starkem Maße vom Zustand des Systems (Phase, Lösungsmittel, Konzentration, Temperatur, Druck) abhängig. Die Untersuchung der Abhängigkeit der spektralen Parameter von den Zustandsbedingungen hat sich als sehr nützlich erwiesen, da auf diesem Wege einerseits die thermodynamischen Parameter der H-Brückenbindung zugänglich sind und andererseits wesentliche Hinweise über die Struktur der Assoziate erhalten werden.

1. Einfluß des Lösungsmittels

Der Einfluß der Umgebung (Nachbar- bzw. Lösungsmittelmoleküle) auf die Schwingungsfrequenz eines Moleküls führt immer zu einer Verschiebung nach niederen Frequenzen (solvent shift), gleichgültig ob schwache Dispersionskräfte oder starke gerichtete intermolekulare Kräfte wirken. Gleichzeitig wird die Halbwertsbreite und die Intensität der betrachteten Bande beeinflußt. In Tab. 5 ist als Beispiel die Änderung der genannten Bandenpara-

Tabelle 5

Einfluß des Lösungsmittels auf die Bandenparameter der OH-Valenzschwingung von Phenol

Lösungsmittel	ν_{01} [cm^{-1}]	$\Delta\nu$ [cm^{-1}]	$\nu_{1/2}$ [cm^{-1}]	$A \cdot 10^{-7}$ [cm · mol^{-1}]
Gas	3652	–	38	0,28
n-Hexan	3622	30	15	0,48
CCl_4	3611	41	16	0,99
Benzol	3559	93	27	1,39
p-Xylol	3542	110	30	1,60
Pyridin in CCl_4*)	3130	522	sehr breit	sehr groß

*) Verhältnis 1:10

meter der OH-Valenzschwingung von Phenol in unterschiedlich polaren Lösungsmitteln gezeigt [14].

KIRKWOOD, BAUER und MAGAT [15] sowie BUCKINGHAM [16] haben die Frequenzverschiebung durch den Einfluß des Lösungsmittels (solvent shift) auf die elektrostatische Feldwirkung des Dielektrikums (Lösungsmittel) zurückgeführt. Sie erhielten eine Beziehung, in der die relative Frequenzverschiebung $\Delta\nu/\nu = (\nu_{\text{Gas}} - \nu_{\text{Lös}})/\nu_{\text{Gas}}$ nur von der Dielektrizitätskonstanten ε und dem Brechungsindex n des Lösungsmittels abhängt:

$$\Delta\nu/\nu = C_1 + C_2 \cdot \frac{\varepsilon - 1}{2\varepsilon + 1} + C_3 \cdot \frac{n^2 - 1}{2n^2 + 1} \qquad (10)$$

C_1 bis C_3 sind charakteristische Konstanten des schwingenden Dipols. Bei der praktischen Anwendung dieser und ähnlicher Beziehungen zeigen sich, insbesondere für die AH-Valenzschwingung, mitunter beträchtliche Abweichungen von der Theorie. Sie werden durch die Vernachlässigung einer spezifischen, lokalisierten Wechselwirkung zwischen den Molekülen der Substanz und des Lösungsmittels (solute-solvent-interaction) verursacht, symbolisiert als A—H···S. Näherungsweise wurden sie für die Lösungsmittel des Typs RH durch einen zusätzlichen Ausdruck $C_4\sigma^*$ in Gl. (10) berücksichtigt, σ^* ist eine Substituentenkonstante für den Molekülrest R [17].

Eine Alternativtheorie beschreibt die Lösungsmitteleffekte phänomenologisch durch spezifische Wechselwirkungen zwischen Substanz- und Lösungsmittelmolekülen, z. B. durch AH···S-Wechselwirkungen. Sie wurde von BELLAMY, HALLAM und WILLIAMS [18] entwickelt und stellt einen direkten Vergleich der relativen Frequenzverschiebungen unterschiedlicher Substanzen in derselben Serie von Lösungsmitteln dar. Typische sogenannte *BHW*-Geraden sind in Abb. 11 dargestellt.

Hier ist $\Delta\nu/\nu(A\text{H})$ verschiedener Protonendonatormoleküle gegen $\Delta\nu/\nu(\text{NH})$ von Pyrrol für eine Serie von gleichen Lösungsmitteln aufgetragen. Die erhaltenen BHW-Geraden haben zwei charakteristische Merkmale:

1. Jede hat einen charakteristischen Anstieg, er ist ein Maß für die Donatorstärke der Substanz im Vergleich zum gewählten Standard (hier Pyrrol).

2. Es wird keine Diskontinuität beim Übergang von unpolaren zu hochpolaren Lösungsmitteln gefunden.

Insbesondere das zweite Merkmal zeigt, daß keine scharfe energetische Grenze zwischen den verschiedenen Typen der intermolekularen Wechselwirkungen gezogen werden kann, gleichgültig ob es sich um eine H-Brückenbindung

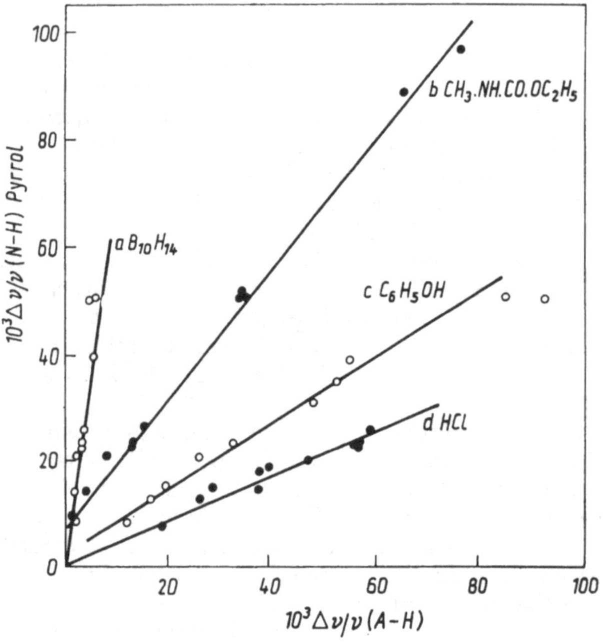

Abb. 11. Relative Frequenzverschiebung $\Delta\nu/\nu(AH)$ der Protonendonatoren a) $B_{10}H_{14}$, b) N-Methylurethan, c) Phenol und d) HCl in verschiedenen Lösungsmitteln bezogen auf $\Delta\nu/\nu(NH)$ von Pyrrol [19]

(z. B. Phenol-Triäthylamin) oder um eine schwache elektrostatische Wechselwirkung (z. B. Phenol-CCl_4) handelt.

2. Einfluß der Konzentration

Die Variation der Konzentration einer assoziierten Verbindung in einem unpolaren (inerten) Lösungsmittel führt zu typischen Veränderungen der Bandenform der *A*H-Valenzschwingung. Sie seien am Beispiel der gut untersuchten OH-Valenzschwingung der Alkohole und Phenole demonstriert. In einem *n*-zähligen Kettenassoziat $(ROH)_n$ und dem Monomeren *R*OH können entsprechend der Donator- und Akzeptorfunktion der OH-Gruppe, vier funktionell verschiedene OH-Gruppen unterschieden werden.

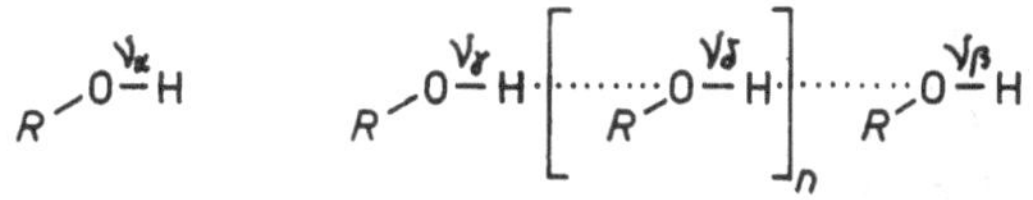

1. Nichtassoziierte OH-Gruppen. Die „freie" OH-Valenzschwingung bei $\nu_\alpha > 3600\ cm^{-1}$ (Phenol: $3611\ cm^{-1}$) ist in sehr verdünnten Lösungen ($c < 0{,}03\ mol \cdot l^{-1}$) dominierend, die Intensität der relativ scharfen Bande verringert sich mit steigender Konzentration des Alkohols. Die Intensität der freien *A*H-Valenzschwingung gilt allgemein als Maß für die Konzentration an Monomeren und ist Ausgangspunkt der spektroskopischen Ermittlung der Assoziationskonstanten (s. S. 49 ff).

2. Endständige OH-Gruppen von Kettenassoziaten mit ausschließlicher Protonendonatorfunktion. Die Absorption dieser Gruppen erfolgt bei $\nu_\beta \sim 3600\ cm^{-1}$ (Phenol: $3599\ cm^{-1}$). Da die Frequenzen ν_α und ν_β sehr nahe beieinander liegen, ist die Absorption der endständigen OH-Gruppen oft nur durch eine geringe Bandenverbreiterung und Asymmetrie der freien OH-Valenzschwingungsbande erkennbar. BELLAMY und PACE [20] haben ihre Existenz in Alkohol- und Phenolassoziaten eindeutig nachgewiesen und gezeigt, daß endständige OH-Gruppen acider als freie OH-Gruppen sind, weshalb die ν_β-Bande durch polare Lösungsmittel stärker als die ν_α-Bande verschoben wird.

Es ist bisher allerdings nicht gelungen, die Intensität der ν_β-Absorption exakt zu bestimmen. Diese Frage hat grundlegende Bedeutung für die Ermittlung der Assoziationskonstanten aus der Intensität der freien OH-Valenzschwingung (s. S. 52).

3. Endständige OH-Gruppen von Kettenassoziaten mit ausschließlicher Protonendonatorfunktion. Die Frequenz der ν_γ-Bande entspricht der ν(OH)-Frequenz in den OH···O-Dimeren, unabhängig davon, ob die γ-OH-Gruppen von Dimeren oder höherzähligen Assoziaten stammen. Die Bande liegt im Bereich von 3500—3400 cm^{-1} (Phenol: 3481 cm^{-1}).

4. OH-Gruppen mit Donator- und Akzeptorfunktion. Sie sind verantwortlich für die breite und intensive Assoziatbande von 3400—3300 cm^{-1} (Phenol: 3393 cm^{-1}), die bei höheren Konzentrationen ($c > 0{,}5$ mol · l^{-1}) dominiert. Aus den Gruppen-

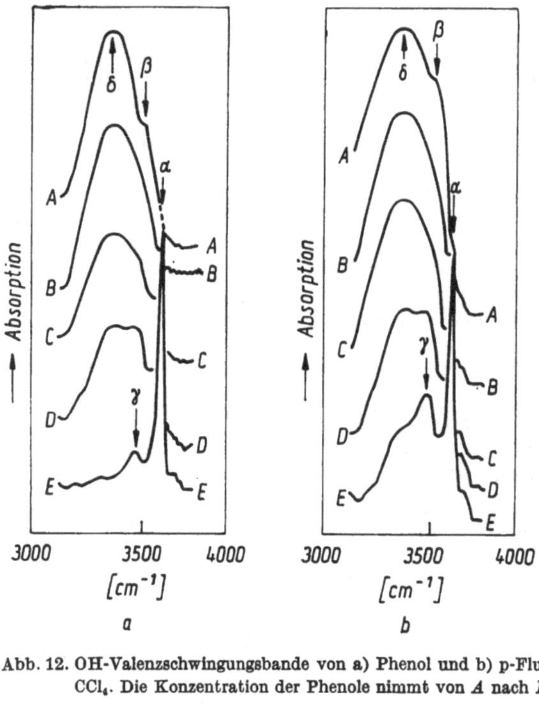

Abb. 12. OH-Valenzschwingungsbande von a) Phenol und b) p-Fluorphenol in CCl_4. Die Konzentration der Phenole nimmt von *A* nach *E* ab [21].

frequenzen ν_δ sind bei Normaltemperatur im allgemeinen keine Hinweise auf die Struktur der Assoziate (offen oder cyclisch) erhältlich, da die Assoziatbande wenig strukturiert ist.

Die beschriebenen Verhältnisse sind in Abb. 12 für Phenol und p-Flourphenol in CCl_4 verdeutlicht. Die ν_α bis ν_δ-OH-Banden treten in charakteristischen Konzentrationsbereichen bevorzugt auf.

3. Einfluß der Temperatur

Die Intensität der freien und assoziierten AH-Valenzschwingung ist stark temperaturabhängig. Bei Temperaturerhöhung um 10—20 °C verringert sich die Intensität der Assoziatbande merklich, gleichzeitig erhöht sich die Intensität der Monomerenbande. Dieses Verhalten ist verständlich, denn mit steigender Temperatur wird das Assoziationsgleichgewicht $nRA\text{H} \rightleftharpoons (RA\text{H})_n$ nach links verschoben. Quantitative Intensitätsmessungen bei verschiedenen Temperaturen werden deshalb häufig zur Ermittlung der thermodynamischen Parameter der H-Brückenbindung ΔH_{ass}, ΔG_{ass} und ΔS_{ass} herangezogen. Bei diesen Bestimmungen darf nicht vernachlässigt werden, daß die wahren Intensitätsparameter ε_∞ bzw. A_i (extrapoliert auf unendliche Verdünnung) der betrachteten Molekülschwingung gleichfalls temperaturabhängig sind. Die wahre Intensität der AH-Valenzschwingung (Ausschluß der Assoziation) verringert sich mit zunehmender Temperatur. Das Ausmaß der Verringerung ist von der Polarität der Bindung und der Stärke der AH···S-Wechselwirkung abhängig. Die Frequenzverschiebung $\Delta\nu$ nimmt bei Temperaturerhöhung infolge der Schwächung der AH···B-Brücke im allgemeinen ab.

Die Existenz nichtäquivalenter Assoziattypen kann im Infrarot-Spektrum mit Hilfe der „Matrix-Isolations-Technik“ [22] direkt nachgewiesen werden. Hierbei wird die assoziierte Substanz (z. B. Methanol, Wasser) in einer großen Menge eines Inertgases (z. B. Stickstoff, Argon) verdampft und anschließend schnell eingefroren, so daß in der Mischung keine Diffusion mehr möglich ist. Stickstoff bildet auf diese Weise bei etwa 20 K eine feste Matrix, in der die einzelnen Assoziate (Dimere, Trimere usw.) isoliert nebeneinander vorliegen (quasiideales Gas). Statt der wenig differenzierten Assoziatbande bei Normaltemperaturen zeigt das Infrarot-Spektrum dieser Matrix eine Vielzahl eng benachbarter Schwingungsbanden, die den einzelnen Assoziattypen zugeordnet werden können.

4. Einfluß des Druckes

Die spektroskopische Untersuchung der H-Brückenbindung bei hohen Drücken hat erst in neuerer Zeit größere Bedeutung erlangt. Die Anwendung von statischen Ultrahochdrücken bis etwa 120 kbar ($\sim$ 120000 at) erfordert eine aufwendige Meßtechnik und wurde erst durch die Entwicklung von Hochdruckküvetten mit Diamantfenstern möglich. Die Hochdrucktechnik eignet sich bevorzugt für Untersuchungen von Festkörpern und Einkristallen, jedoch liegen auch Arbeiten über flüssige Systeme vor. Folgende typische Veränderungen im Spektrum werden beobachtet:

Mit steigendem Druck erniedrigt sich bei Alkoholen die Frequenz der ν(OH)-Assoziatbande; die Bandenbreite nimmt zu. Frequenzlage und Intensität der freien ν(OH)-Bande werden dagegen nur wenig beeinflußt. Untersuchungen an Alkoholen haben gezeigt, daß die Zunahme von $\Delta\nu$ bei hohen Drücken nicht primär auf eine Verschiebung des Assoziationsgleichgewichtes zurückzuführen ist. Vielmehr führen sehr hohe Drücke zur Kompression der Moleküle und damit zur Verkürzung des OH···O-Abstandes und der Deformation des OHO-Winkels. Die signifikante Frequenzzunahme der γ(OH)-Deformationsschwingung der Alkohole mit steigendem Druck bestätigt diese Interpretation.

Hochdruckuntersuchungen gewinnen vor allem aus zwei Gründen steigendes Interesse:

1. Sie stellen ein wichtiges Hilfsmittel für die Zu-

ordnung von Schwingungen des H-Brückenkomplexes dar.

2. Sie ermöglichen das Studium der Kristallstruktur von assoziierten Molekülen, insbesondere von Polymorphieerscheinungen.

2.1.4. Schwingungen der H-Brücke

Entsprechend der Zahl der Schwingungsfreiheitsgrade führt die Assoziation zweier Moleküle unter Bildung eines $A\mathrm{H}\cdots B$-Komplexes zu 6 neuen Normalschwingungen, die den Valenz- und Deformationsschwingungen der H-Brücke zuzuordnen sind. Diese eigentlichen intermolekularen Schwingungen der H-Brücke finden sich ausnahmslos im *FIR* ($< 300\ \mathrm{cm}^{-1}$), da die Kraftkonstanten dieser Schwingungen infolge der relativ schwachen $\mathrm{H}\cdots B$-Bindung klein sind. Die H-Brückenschwingungen beinflussen in beträchtlichem Maße die thermodynamischen Funktionen des H-Brückenkomplexes und liefern direkte Informationen über die Natur der H-Brückenbindung. Die Auffindung und eindeutige Zuordnung dieser Schwingungen bereitet jedoch oft große Schwierigkeiten. Im *FIR* absorbieren sehr viele niederfrequente Schwingungen des Moleküls, z. B. C—C-Gerüstschwingungen, Torsionsschwingungen, Gitterschwingungen von Kristallen sowie niederfrequente Kombinationsschwingungen. Kopplungs- und Resonanzeffekte derartiger Schwingungen mit den H-Brückenschwingungen kommen hinzu. Die Intensität der intermolekularen Schwingungen, insbesondere der Deformationsschwingungen der H-Brücke, ist meist gering.

Die zwei wichtigsten niederfrequenten Schwingungen der H-Brücke sind die $A\mathrm{H}\cdots B$-Valenzschwingung $\nu_\sigma(A\mathrm{H}\cdots B)$ und die Out-of-plane-Deformationsschwingung $\gamma(A\mathrm{H}\cdots B)$. Die Frequenz ν_σ ist von der Tiefe der Potentialfunktion der H-Brücke abhängig und somit direkt mit der H-Brückenenergie verknüpft. Die

$\gamma(A\mathrm{H}\cdots B)$-Frequenz ist ein Maß für die Abhängigkeit der H-Brückenenergie von der Linearität der H-Brücke. Die übrigen Schwingungen können oft nicht nachgewiesen werden, da sie zu intensitätsschwach sind. *FIR*-Untersuchungen der H-Brückenbindung behandelten vor allem Phenole, Alkohole, Carbonsäuren, Stickstoffheterocyclen (NH···N) und Phenol-Stickstoff-Komplexe (OH···N). Die γ(OH···O)-Frequenz der Alkohole und Phenole liegt bei etwa 150 cm^{-1}. Ein einfacher Zusammenhang zwischen den ν(OH···O)-Frequenzen und der Frequenzverschiebung $\Delta\nu$(OH) im mittleren *IR* besteht nicht.

Für die Festlegung der Zuordnung der H-Brückenschwingungen im *FIR* haben sich folgende Kriterien als nützlich erwiesen:

1. Die *FIR*-Bande der untersuchten $A\mathrm{H}\cdots B$-Schwingung verschwindet, wenn die AH-Gruppe durch eine Gruppe substituiert wird, die keine H-Brücken bildet, üblich ist z. B. der Austausch des Protons der OH-Gruppe durch die CH_3-Gruppe.
2. Die Intensität der ramanaktiven $A\mathrm{H}\cdots B$-Schwingungen ist sehr gering. Das ist die Folge der nur kleinen Änderung der Polarisierbarkeit der schwachen $A\mathrm{H}\cdots B$-Bindung während der Schwingung (s. S. 45).
3. Die $A\mathrm{H}\cdots B$-Schwingungen sind im allgemeinen breit und asymmetrisch. Dieser Effekt wird ebenfalls durch die geringe Stärke der H-Brückenbindung hervorgerufen. Da für die Anregung der intermolekularen Schwingungen nur wenig Energie erforderlich ist, finden bereits bei Raumtemperatur in beträchtlichem Ausmaß Schwingungsübergänge statt, die von höheren Energieniveaus des Grundzustandes ausgehen (hot bands).
4. Die $A\mathrm{H}\cdots B$-Schwingungen werden nur wenig durch Deuterierung verschoben. Wird das Wasserstoffatom der AH-Gruppe durch Deuterium substituiert, so verschiebt sich die Frequenz der $\nu(A\mathrm{H})$-Schwingung entsprechend Gl. (3) etwa um den Faktor $\sqrt{2}$ nach niederen Frequenzen. Bei den intermolekularen Schwingungen macht sich diese Masseänderung weit weniger bemerkbar, weil an den Schwingungen auch das relativ schwere Akzeptoratom B beteiligt ist.

Die Frequenzen der Brückenschwingungen wurden für die Dimeren der Ameisensäure mit Hilfe einer Normalkoordinatenanalyse berechnet [23], sie sind in Tab. 6 aufgeführt.

Tabelle 6

Frequenzen der Brückenschwingungen von $(HCOOH)_2$ und $(HCOOD)_2$ in cm^{-1}

Frequenz	Bezeichnung	$(HCOOH)_2$		$(HCOOD)_2$
		berechnet	gemessen	gemessen
ν_1	$\nu_s(OH\cdots O)$	224	~200	176
ν_2	$\beta(OH\cdots O)$	91		
ν_3	$\nu_{as}(OH\cdots O)$	249	248	240
ν_4	$\gamma(OH\cdots O)$	167	164	158
ν_5	$\gamma(OH\cdots O)$	260	245	210
ν_6	$\tau(OH\cdots O)$	68	68	68

Die Ameisensäureassoziate werden bei Raumtemperatur und im gasförmigen Zustand als planare cyclische Dimere angenommen. Von den berechneten 6 Assoziationsschwingungen sind 3 *IR*-aktiv und 3 RAMAN-aktiv. Im *FIR*-Spektrum sind folgende Schwingungen nachweisbar: die asymmetrische OH···O-Valenzschwingung (ν_3) bei 248 cm^{-1}, eine Out-of-plane-Deformationsschwingung (ν_4) bei 164 cm^{-1} sowie die OH···O-Torsionsschwingung (ν_6) bei 68 cm^{-1}. Die symmetrische OH···O-Valenzschwingung (ν_1) absorbiert im RAMAN als breite Bande bei etwa 200 cm^{-1}, ebenfalls im RAMAN erscheint eine weitere OH···O-Deformationsschwingung (ν_5). Die inplane-Deformationsschwingung (ν_2) kann im RAMAN nicht nachgewiesen werden. Sie ist zu intensitätsschwach, weil sich die Polarisierbarkeit des Molekülkomplexes während dieser Schwingung nur sehr wenig ändert.

Als erfolgreich für Untersuchungen von H-Brückensystemen im *FIR* hat sich die von JAKOBSEN und BRASCH [24] entwickelte Polyäthylen-Matrixtechnik erwiesen. Sie ermöglicht, Infrarotspektren der Substanzen zwischen Raumtemperatur und der Temperatur des flüssigen Stickstoffs aufzunehmen. In Abb. 13 ist die Temperaturabhängigkeit am Beispiel des 2,6-Dimethylphenols demonstriert. Das Spektrum 1 zeigt die Absorption der Substanz als festen Film, das Spektrum 2 die der Substanz in einer Polyäthylenmatrix nach Erwärmen auf 100 °C. Die H-Brücken sind weitgehend gelöst, wie aus der scharfen

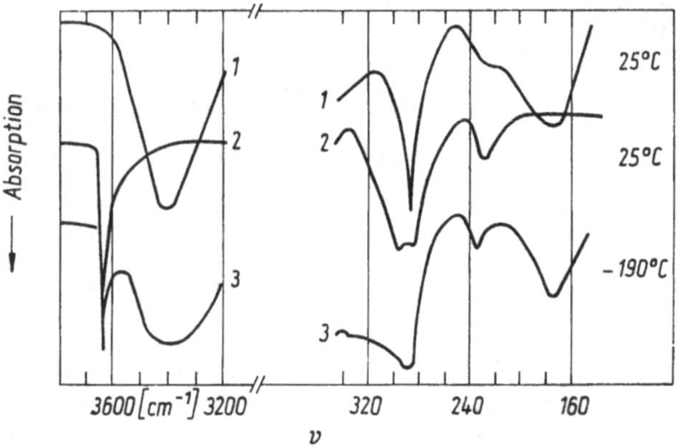

Abb. 13. Infrarotspektrum des 2,6-Dimethylphenols (Polyäthylenmatrix)
1 – fester Film, 2 – erhitzt, 3 – abgekühlt auf die Temperatur des flüssigen Stickstoffs

Bande bei 3640 cm^{-1} hervorgeht. Wie dem Spektrum 3 zu entnehmen ist, wird durch Abkühlen auf −190 °C ein wesentlicher Teil der H-Brücken zurückgebildet. Charakteristisch ist die Bande bei 164 cm^{-1}. Sie fehlt im Spektrum der Polyäthylenmatrix bei 25 °C, erscheint aber wieder beim Abkühlen. Zugeordnet wird sie einer der OH···O-Valenzschwingungen. Mit Hilfe dieser eleganten Methode kann durch Variation der Temperatur auch das Assoziationsgleichgewicht ermittelt werden.

2.1.5. *Einfluß der H-Brückenbindung auf das* Raman-*Spektrum*

Im *IR*-Spektrum können nur die Molekülschwingungen beobachtet werden, bei denen sich das Dipolmoment des Moleküls während der Schwingung ändert. Nicht alle

Normalschwingungen eines Moleküls bzw. Molekülkomplexes sind aus diesem Grunde *IR*-aktiv, insbesonders wenn die Symmetrie des Moleküls hoch ist. Um die Frequenzen aller Normalschwingungen experimentell bestimmen zu können, benötigt man das RAMAN-Spektrum. Im RAMAN-Gebiet absorbieren alle Normalschwingungen, die eine Änderung der Polarisierbarkeit des Moleküls bewirken. Diese Verschiedenheit der Anregungsbedingungen ist außerordentlich günstig für Zuordnungsversuche, bei denen im allgemeinen beide Spektren ausgewertet werden. Der große Nachteil der RAMAN-Spektroskopie ist die sehr geringe Intensität der RAMAN-Banden, die etwa um den Faktor 10^3 niedriger als die Intensität der Raleigh-Streustrahlung ist. Die Untersuchungen sind daher meist auf Flüssigkeiten und Festkörper beschränkt, die Aufnahme von Gasspektren ist schwierig. Um brauchbare Spektren zu erhalten, müssen Lichtquellen hoher Intensität (z. B. Laser) und hochempfindliche photoelektrische Detektoren verwendet werden.

Die bisher weniger häufige Anwendung der RAMAN-Spektroskopie für die Untersuchung der H-Brückenbindung wird aus den genannten experimentellen Schwierigkeiten verständlich. Bei der Aufnahme der höherfrequenten $\nu(A\text{H})$-Valenzschwingung kommt hinzu, daß im RAMAN-Spektrum die Intensität der $\nu(A\text{H})$-Banden durch den Einfluß der H-Brückenbindung nicht wie im *IR*-Spektrum stark zunimmt, sondern erheblich erniedrigt wird. Diese Beobachtung ähnelt dem Intensitätsverhältnis von freier und assoziierter AH-Valenzschwingung im *IR*-Oberschwingungsbereich (s. S. 32).

Abb. 14 zeigt die *IR*- und RAMAN-Spektren von Pyrrol und t-Butanol im Bereich der NH- bzw. OH-Valenzschwingung [25]. Es ist zu sehen, daß im *IR*-Spektrum die freie NH-Valenzschwingungsbande (3494 cm^{-1}) und die NH-Assoziatbande (3410 cm^{-1}) etwa gleich stark absorbieren; hingegen ist im RAMAN-Spektrum die Intensität der Assoziatbande wesentlich erniedrigt. Noch eindrucksvoller ist die Intensitätserniedrigung der OH-

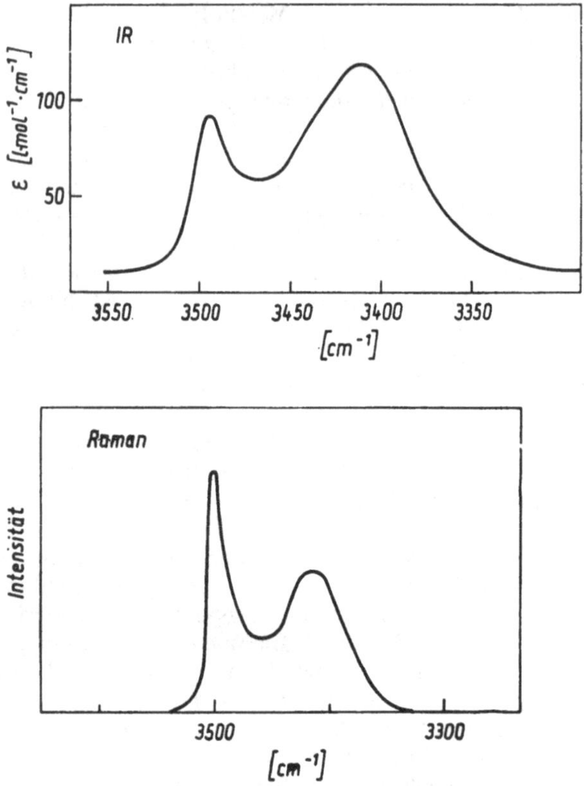

Abb. 14 a. Infrarot- und RAMAN-Spektrum von Pyrrol in CCl_4

Assoziatbande von t-Butanol im Raman; ihre Absorption unterscheidet sich kaum von der Untergrundabsorption. Die Intensitätserniedrigung wird auf den Umstand zurückgeführt, daß sich die Polarität der AH-Gruppe durch die H-Brückenbindung erhöht. Während der Schwingung der AH-Gruppe wird zwar die Änderung des Dipolmoments zunehmen, die Änderung der Polarisierbarkeit jedoch klein sein.

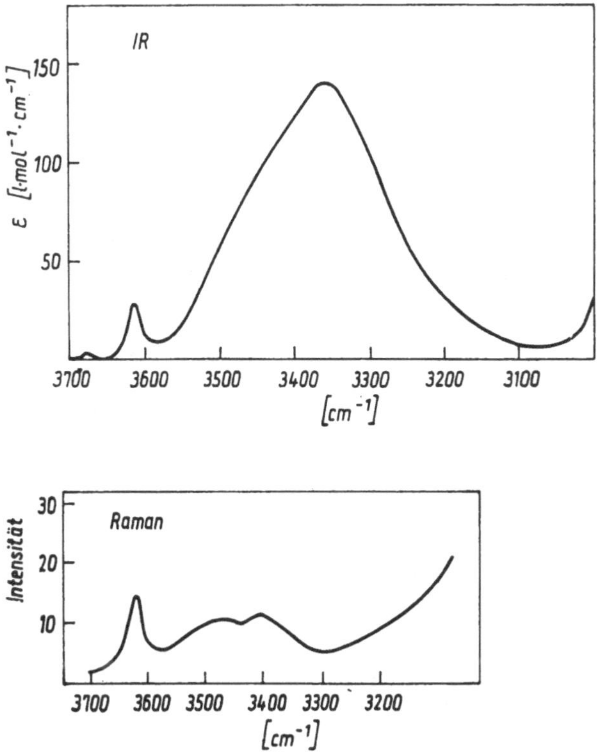

Abb. 14 b. Infrarot- und RAMAN-Spektrum von t-Butanol in CCl_4

Die Bedeutung der RAMAN-Spektroskopie liegt in der Möglichkeit der direkten Beobachtung der niederfrequenten intermolekularen Schwingung der H-Brücke, insbesondere der *IR*-inaktiven symmetrischen $\nu(OH\cdots O)$-Valenzschwingung (s. S. 41) sowie der $\gamma(OH\cdots O)$-Deformationsschwingungen. RAMAN-Untersuchungen kristalliner assoziierter Carbonsäuren zeigten auf diese Weise, daß die Carbonsäuren im festen Zustand nicht als cyclische

Dimere wie in der Flüssigkeit, sondern in Form von Ketten assoziieren. Weiterhin ergibt sich die Möglichkeit der direkten Bestimmung der H-Brückenenthalpien aus den Ramanspektren. In Abb. 15 ist das niedrigfrequente Ramanspektrum von kristalliner Ameisensäure gezeigt [26].

Die zwischen 255 und 213 cm^{-1} auftretenden Banden sind Schwingungen der H-Brücke. Sie werden als Folge höherer Übergänge der symmetrischen ν_s(OH···O)-Valenzschwingung interpretiert. Aus den Differenzen der Wellenzahlen folgt eine H-Brückenenthalpie der kristallinen Ameisensäure von 7,5 kcal · mol^{-1}.

Die Entwicklung kommerzieller leistungsfähiger RAMAN-Spektrometer mit Laserstrahlern läßt künftig ein weiteres Anwachsen der Ramanuntersuchungen der H-Brückenbindung erwarten.

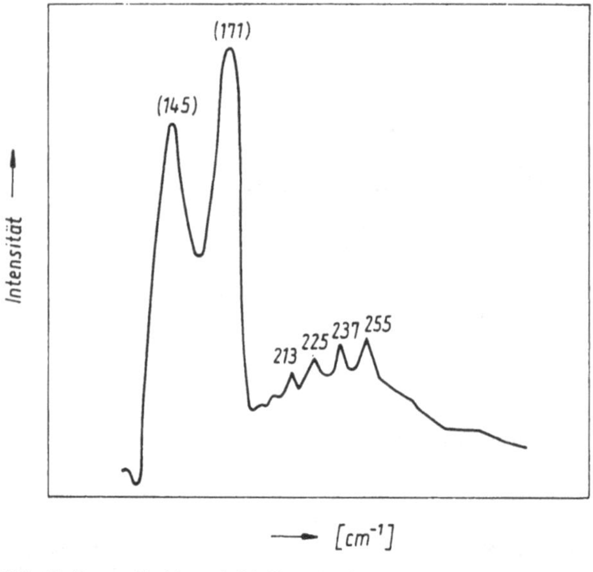

Abb. 15. RAMAN-Spektrum kristalliner Ameisensäure

2.1.6. *Bestimmung der thermodynamischen Assoziationsparameter*

Zwischen den freien Molekülen und den durch H-Brücken gebildeten Assoziaten herrscht ein konzentrations- und temperaturabhängiges Gleichgewicht, das sich durch die Assoziationskonstante K_{ass}, die Änderung der Freien Enthalpie ΔG_{ass}, die Assoziationsenthalpie ΔH_{ass} und die Entropieänderung ΔS_{ass} vollständig beschreiben läßt.

Für das Assoziationsgleichgewicht zwischen den Molekülen mit der Donatorgruppe $A{-}\mathrm{H}$ und der Akzeptorgruppe B gemäß der Reaktion

$$A{-}\mathrm{H} + B \rightleftharpoons A{-}\mathrm{H}\cdots B \tag{11}$$

ergibt sich die Assoziationskonstante nach dem Massenwirkungsgesetz zu

$$K_{ass} = \frac{[A{-}\mathrm{H}\cdots B]}{[A{-}\mathrm{H}]\,[B]} \tag{12}$$

Gl. (12) gilt sowohl für die Eigenassoziation aus gleichartigen Molekülen als auch für die Bildung von Donator-Akzeptor-Komplexen aus verschiedenartigen Molekülen*). Liegen im System Assoziate mit unterschiedlicher Zähligkeit und Zusammensetzung nebeneinander vor, was der häufigste Fall ist, dann setzt sich das Assoziationsgleichgewicht aus mehreren gekoppelten Einzelgleichgewichten zusammen.

Aus der Temperaturabhängigkeit der Assoziationskonstante ist auf dem Wege über die VAN'T HOFFsche Reaktionsisobare die Assoziationsenthalpie ΔH_{ass} zugänglich:

$$\left(\frac{\partial \ln K_{ass}}{\partial T}\right)_p = \frac{\Delta H_{ass}}{RT^2} \tag{13}$$

*) Die Angabe in Konzentrationseinheiten (eckige Klammern) ist zulässig, wenn es sich um verdünnte Lösungen handelt.

Die Größen ΔG_{ass} und ΔS_{ass} lassen sich mit Hilfe der Beziehungen

$$\Delta G_{ass} = -RT \ln K_{ass} \tag{14}$$

$$\Delta G_{ass} = \Delta H_{ass} - T\Delta S_{ass} \tag{15}$$

gewinnen. Zu ihrer Bestimmung ist somit die Kenntnis der Assoziationskonstanten und deren Temperaturabhängigkeit notwendig. Die Ermittlung der Assoziationskonstanten kann auf verschiedenen Wegen erfolgen, z. B. durch thermodynamische, spektroskopische und dielektrische Messungen. Der Vorzug der spektroskopischen Methoden, insbesonders der *IR*-Spektroskopie, besteht darin, daß durch sie die Konzentration der monomeren und assoziierten Moleküle direkt gemessen werden kann.

1. *IR*-spektroskopische Bestimmung der Monomerenkonzentration

Die Gleichgewichtskonzentration der freien und assoziierten Moleküle in Gl. (12) sind aus der Intensität der A—H-Valenzschwingungsbanden sowohl der Monomeren als auch der Assoziate zugänglich. Relativ einfach gestaltet sich die Auswertung der Monomerenbande, während die Auswertung der breiten und intensiven Assoziatbande problematisch ist, wenn sie durch mehrere Assoziate verursacht wird. Hingegen wird die Intensität der Assoziatbande häufig bestimmt, wenn sie durch einen Donator-Akzeptor-Komplex mit definierter Zusammensetzung hervorgerufen wird (s. S. 63 ff.).

Im Gültigkeitsbereich des LAMBERT-BEERschen Gesetzes (verdünnte Lösungen) ist bei einer gegebenen Frequenz ν die Intensität der Monomerenbande der Konzentration an freien Molekülen und die Intensität der Assoziatbande der Konzentration der assoziierten Moleküle proportional:

$$E_{max} = \varepsilon_c \cdot c \cdot d \tag{16}$$

E_{max} bezeichnet die Extinktion im Bandenmaximum, ε_c den scheinbaren maximalen Extinktionskoeffizienten bei der analytischen Konzentration c und d die Schichtdicke der durchstrahlten Lösung. Gebräuchliche Intensitätsmaße sind der maximale Extinktionskoeffizienz ε_c und die Integralabsorption A':

$$A' = \int \varepsilon_c \, d\nu = \frac{1}{cd} \int_{\nu_1}^{\nu_2} E \cdot d\nu \tag{17}$$

Um aus den bei der jeweiligen analytischen Konzentration c gemessenen scheinbaren Intensitätsgrößen ε_c oder A' die Monomerenkonzentration c_1 berechnen zu können, ist die Kenntnis der wahren Intensitätsgrößen ε^0 bzw. A notwendig. Sie sind durch Messungen bei niedrigen Konzentrationen, in denen die Moleküle unassoziiert vorliegen, sowie mit Hilfe von graphischen Extrapolationsverfahren zugänglich. Für den Monomerenanteil α gilt die wichtige Beziehung:

$$\alpha = \frac{c_1}{c} = \frac{\varepsilon_c}{\varepsilon^0} = \frac{A'}{A} \tag{18}$$

Eine andere charakteristische Größe ist die mittlere Zähligkeit f. Sie ist als Quotient aus der analytischen Konzentration c und der Konzentration der osmotisch wirksamen Teilchen $\bar{c}$ definiert:

$$f = \frac{c}{\bar{c}} \quad \text{mit} \quad \bar{c} = c_1 + c_2 + c_3 + \cdots \tag{19}$$

Hierin bedeuten $c_1, c_2, c_3 \cdots$ die Konzentrationen der Teilchenarten (Monomere, Dimere, Trimere usw.). Bei Gültigkeit des *MWG* besteht nach KREUZER [27] die Beziehung:

$$f = \frac{1}{c} \int_0^{\varepsilon_c c} \frac{1}{\varepsilon_c} \, d(\varepsilon_c \cdot c) \tag{20}$$

Die mittlere Zähligkeit läßt sich aus der Abhängigkeit zwischen $1/\varepsilon_c$ und $\varepsilon_c \cdot c$ durch graphische Integration leicht bestimmen.

Voraussetzung für die Gültigkeit der Gl. (18)—(20) ist die Forderung, daß an der $\nu(AH)$-Monomerenabsorption keine endständigen freien AH-Gruppen von Kettenassoziaten beteiligt sind. Diese Frage ist umstritten. Zwar konnten Bellamy und Pace [20] in Alkoholassoziaten

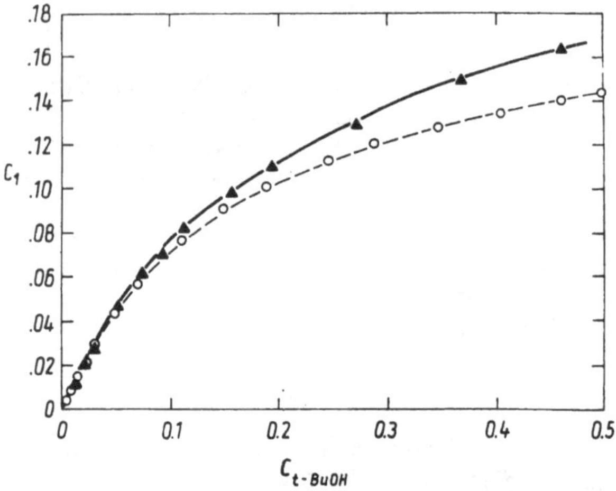

Abb. 16. Scheinbare Monomerenkonzentration (c_1) von t-Butanol in Hexadekan bei 35 °C aus IR-Daten (▲) und Dampfdruckdaten (○) als Funktion der analytischen Konzentration des t-Butanols [$Mol \cdot l^{-1}$] [28]

die Existenz von endständigen OH-Gruppen nachweisen und ihre Absorptionsfrequenz bestimmen, jedoch liegen keine gesicherten Kenntnisse über die Intensität der Endgruppenschwingung vor. Bei der Ermittlung der Monomerenkonzentration von t-Butanol aus Dampfdruckmessungen und IR-Untersuchungen ergaben sich im Bereich niedriger Konzentrationen (bis etwa 0,5 $mol \cdot l^{-1}$) kaum Abweichungen (s. Abb. 16). Die mit beiden Methoden bestimmten Werte weichen erst bei höheren Konzentrationen erheblich voneinander ab, wobei die IR-Messungen zu scheinbar höheren Monomerenkonzentrationen führen [28].

2. Eigenassoziation

In einem H-Brückensystem liegen in Abhängigkeit von der Donator- und Akzeptorfunktion der assoziierten Moleküle häufig mehrere Assoziattypen mit unterschiedlicher Zähligkeit und Struktur nebeneinander vor. Um aus dem spektroskopisch oder auf anderem Weg ermittelten Monomerenanteil α bzw. der Monomerenkonzentration c_1 zu den thermodynamischen Größen, insbesonders der Assoziationskonstanten, zu gelangen, müssen Annahmen über die Art der gebildeten Assoziate gemacht werden.

Das Assoziationsgleichgewicht zwischen den Monomeren und allen Assoziaten mit unterschiedlicher Zähligkeit einer Verbindung im Sinne der Gleichung

$$nM \leftrightharpoons M_n \tag{21}$$

wird durch Assoziationskonstante K_{1n} charakterisiert:

$$K_{1n} = \frac{c_n}{c_1{}^n} \tag{22}$$

c_n ist die Konzentration der n-zähligen Assoziate, c_1 die der Monomeren. In einfachen Fällen, wenn Assoziate gleicher Zähligkeit vorliegen, lassen sich die Meßdaten befriedigend deuten. Assoziate gleicher Zähligkeit besitzen die gleiche Zahl von Monomeren, können strukturell aber verschieden sein. Bei Gültigkeit des *MWG* befinden sich die Monomeren und die verschiedenzähligen Assoziate im gekoppelten Gleichgewichtszustand. Jeder Anlagerungsschritt

$$M_{n-1} + M \leftrightharpoons M_n \tag{23}$$

wird durch eine Anlagerungskonstante $K_{n-1,n}$ gekennzeichnet.

Somit gilt

$$K_{12} \cdot K_{23} \cdot K_{34} \cdot \dots \cdot K_{n-1,n} = K_{1n} \tag{24}$$

Bei Verwendung der Konzentration aller Teilchenarten der Zähligkeit n läßt sich die analytische Konzentration c darstellen durch die Gleichung:

$$c = c_1 + 2c_2 + 3c_3 + \cdots + nc_n \tag{25}$$

Mit Gl. (22) ergibt sich die allgemeingültige Beziehung:

$$c = c_1 + 2K_{12}c_1^2 + 3K_{13}c_1^3 + \cdots + nK_{1n}c_1^n \tag{26}$$

Gl. (26) ist nicht ohne weiteres lösbar. Es wurde deshalb vielfach versucht, die Gleichgewichtsverhältnisse durch vereinfachende Annahmen zu untersuchen. Einige der wichtigsten Methoden zur Bestimmung der Assoziationskonstanten seien kurz beschrieben.

a) Monomer-Dimer-Gleichgewichte

Nahezu reine Monomer-Dimer-Gleichgewichte herrschen bei den Carbonsäuren und Amiden

$$2\,M \leftrightharpoons M_2$$

Die Dimerisationskonstante K_{12} ergibt sich zu:

$$K_{12} = \frac{c_2}{c_1^2} \tag{27}$$

Nach Einführung der Massenbilanz $c = c_1 + 2c_2$ sowie des Monomerenanteils $\alpha = c_1/c$ folgt:

$$K_{12} = \frac{1 - \alpha}{2c\alpha^2} \tag{28}$$

Werden die Intensitätsmessungen zur Bestimmung von ε_2^0 an geeigneten Banden der Dimeren durchgeführt (wie z. B. bei den Carbonsäuren an der CO-Valenzschwingungsbande der Dimeren), so folgt:

$$\alpha = 1 - \frac{\varepsilon_2}{\varepsilon_2^0} \tag{29}$$

Der unbekannte Extinktionskoeffizient ε_2^0 der Dimerenabsorptionsbande läßt sich durch eine graphische Methode gewinnen, die gleichzeitig die Assoziationskonstante K_{12} liefert [29].

Das beschriebene Verfahren ist nur anwendbar, wenn sich Monomeren- und Dimerenbande nicht überlagern. Andernfalls ist eine Bandentrennung notwendig.

Verbindungen, die nur zur Bildung sehr schwacher intermolekularer H-Brücken befähigt sind, wie z. B. Merkaptane und Thiophenole, assoziieren ebenfalls praktisch nur in Form von Dimeren. Monomeren- und Dimerenbande sind wegen der geringen Wechselwirkungskräfte häufig so eng benachbart und stark überlagert, daß eine graphische Trennung nicht möglich ist. Für diesen Fall haben SPURR und BYERS [30] ein Verfahren beschrieben, das auf der Auswertung der Integralabsorption des gesamten Bandenkomplexes basiert. Die gemessene Integralabsorption A setzt sich aus den Integralabsorptionen der Monomerenbande A_1 und der Dimerenbande A_2 zusammen:

$$cA = c_1A_1 + c_2A_2 \tag{30}$$

Aus dem MWG (Gl. (27)) und der Massenbilanz $c = c_1 + 2c_2$ ergibt sich, sofern $c_2 < c$:

$$K_{12} = \frac{c_2}{c^2 - 4c \cdot c_2} \tag{31}$$

Die Kombination mit Gl. (30) führt zur Beziehung:

$$\frac{1}{A - A_1} = \frac{1}{2K_{12}(A_2 - A_1)} \cdot \frac{1}{c} + \frac{2}{A_2 - A_1} \tag{32}$$

A_1 läßt sich aus Messungen an genügend verdünnten Lösungen gewinnen. Wenn $1/(A - A_1)$ gegen $1/c$ aufgetragen wird, ergeben sich im Gültigkeitsbereich des Monomer-Dimer-Modells Geraden, aus deren Ordinatenabschnitt und Anstieg die Integralabsorption der Dimerenbande A_2 und die gesuchte Assoziationskonstante K_{12} berechnet werden kann.

Die Anwendung dieser Methode ist in Abb. 17 am Beispiel eines Thiophenols demonstriert. Aus der Temperaturabhängigkeit der Assoziationskonstanten ergab sich eine H-Brückenenthalpie von $\Delta H_{12} = -1{,}9$ kcal · mol^{-1} [31].

b) Assoziate gleicher Zähligkeit mit $n > 2$

Unter bestimmten Verhältnissen können cyclische Assoziate einer bestimmten Ringgröße so bevorzugt sein,

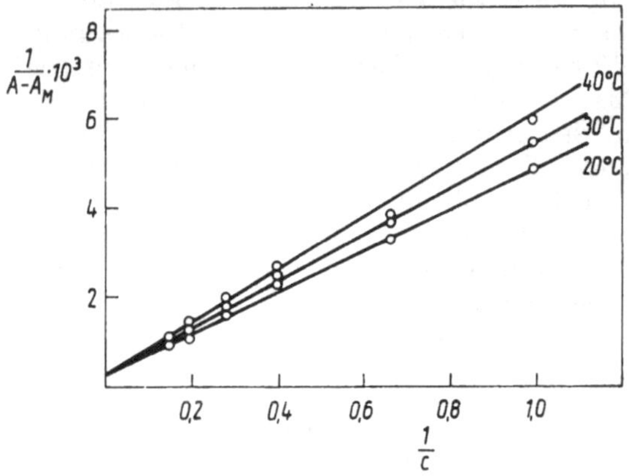

Abb. 17. Beziehung zwischen $1/(A - A_1)$ und $1/c$ für p-Fluorthiophenol in CCl_4 bei 20, 30 und 40°C

daß die übrigen noch möglichen Assoziate in vernachlässigbarer Menge vorliegen. Aus Gl. (26) läßt sich dann die Beziehung ableiten:

$$K_{1n} = \frac{c - c_1}{n c_1^{\,n}} \tag{33}$$

Mit Ausnahme der Fälle, in denen sterische Betrachtungen eine Beschränkung auf ein bestimmtes Assoziat erlauben, ist die Annahme der Bildung von Assoziaten gleicher Zähligkeit mit $n > 2$ für die meisten Verbindungen umstritten, so für das oft zitierte Beispiel der Trimerisation des Pyrazols. Widerspruchsvolle Deutungen finden sich bei der Untersuchung des Assoziationsverhaltens der Alkohole. Während beispielsweise verschiedene Autoren die Assoziation von t-Butanol [32] und anderen aliphatischen Alkoholen [33] als Monomer-Tetramer-Gleichgewicht (1-4-Modell) behandelten, schlossen andere aus NMR-Messungen auf das Vorliegen eines Monomer-Trimer-Gleichgewichtes (1-3-Modell) [34].

c) Kettenassoziate mit gleichen Anlagerungskonstanten (MECKE-KEMPTER-Modell)

Das MECKE-KEMPTER-Modell [35] für die Bildung von Gemischen aus Kettenassoziaten großer Zähligkeit beruht auf zwei wichtigen Annahmen: der Kettenassoziation unbegrenzter Länge und der konstanten Änderung der Freien Enthalpie bei allen Assoziationsschritten

$$M_{n-1} + M \leftrightarrows M_n$$

Die Zähligkeit n nimmt somit die Werte 2, 3, 4, ···, ∞ an. Gleichheit der Änderung der Freien Enthalpie pro Assoziationsschritt bedeutet Gleichheit aller Anlagerungskonstanten $K_{n-1,n}$:

$$K_{12} = K_{23} = K_{34} = \cdots = K_{n-1,n} = K \qquad (34)$$

Damit vereinfacht sich Gl. (26) wesentlich und hat nach Division durch c_1 die Form:

$$\frac{c}{c_1} = \frac{1}{\alpha} = 1 + 2Kc_1 + 3(Kc_1)^2 + 4(Kc_1)^3 + \cdots \qquad (35\text{a})$$

Daraus folgt für unendlich großes n schließlich die Gleichung:

$$K = \frac{1}{c \cdot \alpha}\left(1 - \sqrt{\alpha}\right) \qquad (35\text{b})$$

Mit $c_1 = (\varepsilon_c/\varepsilon^0)\,c$ geht sie in die bekannte MECKE-KEMPTER-Gleichung über:

$$\varepsilon_c \cdot c = -\frac{\sqrt{\varepsilon^0}}{K}\sqrt{\varepsilon_c} + \frac{\varepsilon^0}{K} \qquad (36)$$

Aus der linearen Abhängigkeit zwischen $\varepsilon_c \cdot c$ und $\sqrt{\varepsilon_n}$ lassen sich ε^0 und die Assoziationskonstante K leicht ermitteln. Das MECKE-KEMPTER-Gesetz wird jedoch meist nur schlecht befolgt. Die Anwendung von Gl. (36) führt zu mehr oder weniger deutlich ausgeprägten S-förmigen Kurven (Abb. 18).

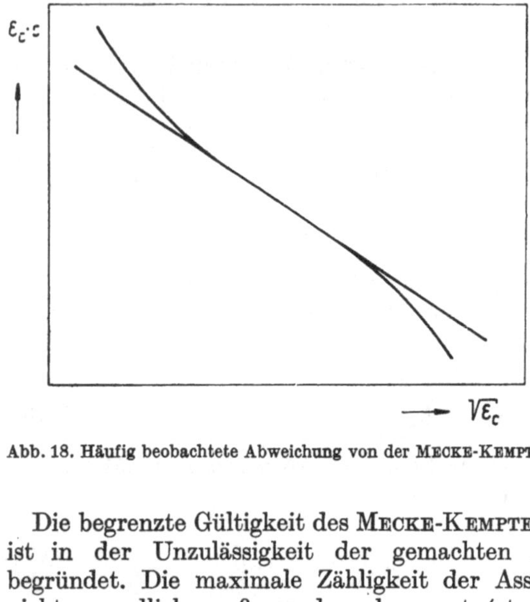

Abb. 18. Häufig beobachtete Abweichung von der MECKE-KEMPTER-Geraden

Die begrenzte Gültigkeit des MECKE-KEMPTER-Modells ist in der Unzulässigkeit der gemachten Annahme begründet. Die maximale Zähligkeit der Assoziate ist nicht unendlich groß, sondern begrenzt (etwa 8—12). Zum anderen ist die Annahme der Konstantengleichheit pro Anlagerungsschritt für die niederzähligen Assoziate (etwa $n < 5$) nicht zulässig.

Wie FRANK und WEN [36] gezeigt haben, ist die Bildung kettenförmiger H-Brückenassoziate mit einem kooperativen Effekt verbunden, der in Abb. 19 am Beispiel der Alkoholassoziation verdeutlicht sei.

Die Bildung einer H-Brücke führt zu Ladungsänderungen in den beteiligten Atomen. In den Alkoholdimeren

(II) ist die Polarität der OH-Gruppen der Moleküle *a* und *b* höher als in den freien Molekülen (I), d. h. für die Partialladungen gilt $\delta_2 > \delta_1$. Die höhere Acidität der OH-Gruppe

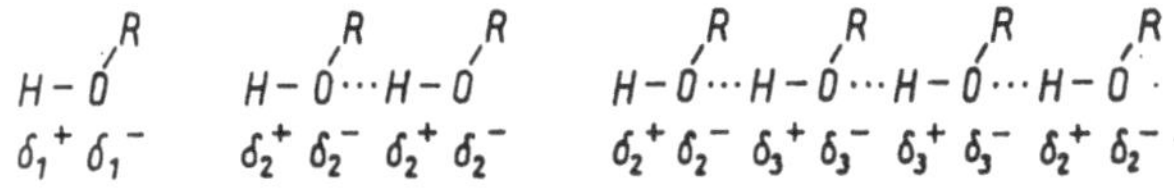

I II III

Abb. 19. Kooperativer Effekt bei der Bildung kettenförmiger Alkoholassoziate

des Moleküls *a* sowie die höhere Basizität des Sauerstoffs des Moleküls *b* im Dimeren (II) begünstigt die Bildung weiterer H-Brücken mit den Molekülen *c* und/oder *d* (III). Die Bildung dieser H-Brücken hat aber gleichzeitig eine Erhöhung der Stärke der H-Brücke zwischen den Molekülen *a* und *b* im Assoziat (III) zur Folge ($\delta_3 > \delta_2$). Dieser sog. kooperative Effekt wirkt sich bei der Bildung eines Trimeren am stärksten aus und strebt schnell einem Grenzwert zu. Dementsprechend wird die Abnahme der Freien Enthalpie für die ersten Anlagerungsschritte am größten sein und ebenfalls bald einen konstanten Wert annehmen. Erhärtet wurde diese Vorstellung durch die Infrarotuntersuchungen von BELLAMY und PACE [20].

d) Modifiziertes MECKE-KEMPTER-Modell

Die bei den ersten Anlagerungsschritten freiwerdenden Energiebeträge bei Kettenassoziaten sind, wie bereits erwähnt, von dem bei genügend langen Ketten erreichten Grenzwert verschieden. Der erste Schritt, die Dimerisation, liefert einen am stärksten abweichenden Energiebetrag. Diesem Sachverhalt wird im beschriebenen Modell durch die Einführung einer besonderen Dimerisationskonstanten K_{12} Rechnung getragen. Alle übrigen Anlagerungskonstanten $K_{n-1,n}$ werden wieder gleich gesetzt:

$$K_{23} = K_{34} = K_{45} = \cdots = K, \quad K_{12} \neq K \qquad (37)$$

COGGESHALL und SAIER [37] sowie SAROLEA-MATHOT [38] haben gezeigt, daß die Abweichungen von der MECKE-

KEMPTER-Geraden (Abb. 18) in vielen Fällen verschwindet oder stark vermindert wird, wenn man die Dimerisationskonstante K_{12} bei der Ableitung der MECKE-KEMPTER-Beziehung gesondert mittels einer anderen Methode bestimmt. Gl. (35b) ist dann wie folgt zu erweitern:

$$K = \frac{1}{c\alpha}\left[1 - \left(\frac{p}{p + (1/\alpha) - 1}\right)^{1/2}\right] \tag{38}$$

mit $p = K_{12}/K$.

Sie geht für $K_{12} = K$ wieder in die ursprüngliche MECKE-KEMPTER-Gleichung über. Das beschriebene Näherungsverfahren ist für Alkohole in konzentrierter und mäßig verdünnter Lösung recht gut erfüllt.

Noch bessere Näherungen stellen Modelle dar, in denen eine begrenzte Zahl von Anlagerungskonstanten, z. B. K_{12}, K_{23} und K_{34} verschieden sind und für die höheren Assoziate Gleichheit der Anlagerungskonstanten $K_{n-1,n}$ angenommen wird. Ein dahingehendes Assoziationsmodell haben COBURN und GRUNWALD [39] für den speziellen Fall des Äthanols in CCl_4 beschrieben. Es gestattet die Berechnung der Assoziationskonstanten K_{12}, K_{13} und K mit Hilfe eines Iterationsverfahrens.

e) Spezielle Assoziationsmodelle

Eine Reihe von Näherungsverfahren basieren auf der Annahme, daß im assoziierten System nur wenige Assoziattypen (meist zwei) nebeneinander vorliegen. Ihre Zähligkeit wird so gewählt, daß eine maximale Übereinstimmung zwischen den experimentellen Meßdaten und dem berechneten Assoziationsverlauf besteht. Die auf diesem Wege gewonnenen Vorstellungen sind, insbesonders für die Eigenassoziation der Alkohole, sehr unterschiedlich und z. T. widerspruchsvoll. Unwahrscheinlich ist z. B. ein Monomer-Dimer-„Polymer“-Gleichgewicht (1-2-∞-Modell), welches die Existenz von „Oligomeren“ (Trimeren, Tetrameren) gänzlich vernachlässigt [40]. Auch die Annahme eines Monomer-Dimer-Tetramer-

Gleichgewichts (1-2-4-Modell) mit

$$c = \alpha c + 2K_{12}(\alpha c)^2 + 4K_{14}(\alpha c)^4 \tag{39}$$

stellt eine zu grobe Vereinfachung des wahren Assoziationsverhaltens dar. Auf die Assoziation von t-Butanol in unpolaren Kohlenwasserstoffen fand das Monomer-Trimer-„Polymer"-Modell (1-3-∞-Modell) [28] Anwendung. Die aus Dampfdruckmessungen, *IR*- und *NMR*-Untersuchungen erhaltenen Daten ließen sich qualitativ und quantitativ am besten durch die Angabe einer Assoziationskonstante für die Bildung offener Trimere sowie einer Assoziationskonstante für die Bildung cyclischer höherer Polymere in Übereinstimmung bringen. Die Berechnung der Assoziationskonstanten K_{13} und $K_{1\infty}$ erfolgt mit Hilfe eines least-squares-Verfahrens nach Gl. (40) (gültig für offene Assoziatestruktur) und Gl. (41) (gültig für cyclische Assoziatestruktur):

$$c = c_1 + \frac{K_{13}c_1^3(3 - 2K_{1\infty} \cdot c_1)}{(1 - K_{1\infty}c_1)^2} \tag{40}$$

$$c = c_1 + \frac{3K_{13}c_1^3}{(1 - K_{1\infty}c_1)} \tag{41}$$

f) Allgemeines Assoziationsmodell

Die bisher beschriebenen Methoden zur Bestimmung der Assoziationskonstanten gingen von der Voraussetzung aus, daß Assoziate mit beliebig hoher Zähligkeit ($n \to \infty$) gebildet werden können. Die maximale Zähligkeit der Assoziate strebt jedoch infolge ihrer kurzen Lebensdauer in unpolaren Lösungsmitteln rasch einem Grenzwert zu, der für Alkohole wahrscheinlich bei $n = 8$ bis 12 liegt. Wenn spezielle Vereinfachungen zur Ermittlung der Assoziationskonstanten nicht zulässig sind, bleibt nur der Weg, sie aus der allgemeinen Gl. (26) zu gewinnen. Durch Verknüpfung mit dem LAMBERT-BEERschen Gesetz ergibt sich aus ihr nach entsprechender Umformung die Beziehung [41]:

$$\frac{1-\alpha}{2\alpha^2 \cdot c} = K_{12} + \frac{3}{2} K_{13}(\alpha c) + 2K_{13}(\alpha c)^2 + \cdots \quad (42)$$

Wird $(1-\alpha)/2\alpha^2 c$ gegen αc aufgetragen, so ergeben sich, wie Abb. 20 zeigt, je nach den in der Lösung vorhandenen Assoziaten charakteristische Kurven. Die Dimerisationskonstante K_{12} folgt direkt aus dem Ordinatenabschnitt, ist dieser Null, sind keine Dimere in der Lösung vorhanden. Existieren in der Lösung nur Dimere, dann muß sich eine zur Abszisse parallel verlaufende Gerade ergeben (Kurve *a*). Liegen Dimere und Trimere nebeneinander vor, so weist die Gerade einen positiven Anstieg auf, aus dem die Assoziationskonstante K_{13} berechnet werden kann (Kurve *b*). Die Anwesenheit höherer Assoziate führt zu parabelförmigen Kurven, aus denen durch graphische Differentation prinzipiell weitere Konstanten zugänglich sind (Kurve *c*). Die Berechnung höherer Konstanten als K_{14} ist jedoch auf Grund der Ge-

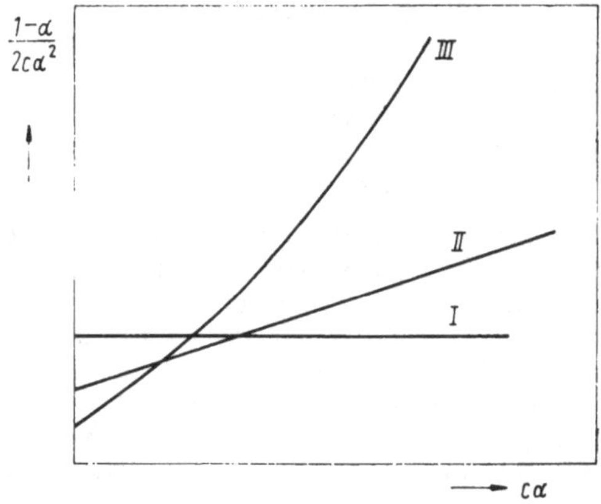

Abb. 20. Charakteristische Abhängigkeiten zwischen $\frac{1-\alpha}{2\alpha^2 c}$ und αc

I) Dimere II) Dimere und Trimere
III) Dimere, Trimere und höherzählige Assoziate

nauigkeit der spektroskopisch ermittelten Größe nicht sinnvoll. Der Vorzug der Methode besteht in der bequemen Ermittlung der niederen Assoziationskonstanten K_{1n}, ohne daß Annahmen über die Energie der Anlagerungsschritte notwendig sind.

Generell sind Aussagen über die Größe der gebildeten Assoziate und ihre Struktur nur vorsichtig zu treffen. Infrarotspektroskopisch erfaßt man quantitativ bei Alkoholen nur die Monomeren, und zufällige Übereinstimmung zwischen gemessenem und berechnetem Assoziationsverlauf berechtigt nicht, auf die Richtigkeit der bei der Rechnung getroffenen Voraussetzungen zu schließen. Im Rahmen der Meßgenauigkeit wird Übereinstimmung oft mit mehreren sich in ihren Annahmen widersprechenden Methoden erzielt. Erst die kombinierte Anwendung unterschiedlicher Untersuchungsmethoden, z. B. *IR*-, *NMR*-spektroskopische und thermodynamische Messungen, liefern systemcharakteristische Ausagen mit hohem Wahrscheinlichkeitsgrad.

3. Donator-Akzeptor-Komplexe

Die Wechselwirkung zwischen einem Molekül mit der Protonendonatorgruppe AH und einem Molekül mit der Protonenakzeptorgruppe B führt zu dem bekannten Komplexgleichgewicht:

$$\underset{(D)}{A\mathrm{H}} + \underset{(A)}{B} \rightleftharpoons \underset{(DA)}{A\mathrm{H}\cdots B}$$

Wird ein einfacher 1:1-Donator-Akzeptor-Komplex gebildet, so gilt für die Komplexbildungskonstante K_{DA}

$$K_{DA} = \frac{[A\mathrm{H}\cdots B]}{[A\mathrm{H}]\cdot[B]} \frac{c_{DA}}{c_D \cdot c_A} \tag{43}$$

Zur Berechnung der Komplexbildungskonstante K_{DA} werden die Gleichgewichtskonzentrationen von Donatorkomponente c_D, Akzeptorkomponente c_A und dem Donator-Akzeptor-Komplex c_{DA} benötigt. Bekannt sind im allgemeinen die analytischen Konzentrationen von

Donatorkomponente c_D^0 und Akzeptorkomponente c_A^0. Für diese beiden Größen gelten die Massenbilanzen:

$$c_D^0 = c_D + c_{DA} \tag{44a}$$

$$c_A^0 = c_A + c_{DA} \tag{44b}$$

Folglich kann K_{DA} berechnet werden, wenn eine der Gleichgewichtskonzentrationen experimentell zugänglich ist.

a) Auswertung der Monomerenbande

Die Bestimmung der Komplexbildungskonstanten gestaltet sich einfach, wenn die Gleichgewichtskonzentration der freien Donatormoleküle c_D (identisch mit c_1) aus der Intensität der freien AH-Valenzschwingungsbande nach Gl. (18) bestimmt werden kann. Voraussetzung ist die Gültigkeit des Lambert-Beerschen-Gesetzes und die Bildung stöchiometrischer 1:1-Komplexe. Bei Vernachlässigung der Eigenassoziation der Donatorkomponente gilt:

$$K_{DA} = \frac{c_D^0 - c_D}{c_D(c_A^0 - c_D^0 + c_D)} \tag{45}$$

In der Praxis wird die Konzentration der Donatorkomponente c_D^0 variiert, während die Konzentration der Akzeptorkomponente c_A^0 konstant bleibt. Es kann auch umgekehrt verfahren werden. Durch einen Überschuß an Akzeptorkomponente ($c_D^0 < c_A^0$) wird die Eigenassoziation der Donatorkomponente klein gehalten und die Bildung von 1:1-Komplexen begünstigt. K_{DA} ergibt sich als Mittelwert aus mehreren Einzelmessungen.

In vielen Fällen muß die Eigenassoziation des Protonendonators berücksichtigt werden. Für die Konzentration des Komplexes c_{DA} sowie die Konzentration der freien Akzeptormoleküle c_A ergeben sich dann die korrigierten Beziehungen:

$$c_{DA} = c_D^0 - c_D - 2c_{D2} - 3c_{D3} - \cdots \tag{46a}$$

$$c_A = c_A^0 - c_D + 2c_{D2} + 3c_{D3} + \cdots \tag{46b}$$

Die Konzentration höherer Eigenassoziate als c_{D3} kann vernachlässigt werden. Die Dimeren- und Trimerenkonzentrationen c_{D2} und c_{D3} lassen sich aus den Assoziationskonstanten K_{12} und K_{13} berechnen [42]. Notwendig ist also die Untersuchung der Eigenassoziation des Protonendonators bei Abwesenheit der Akzeptorkomponente im gleichen Lösungsmittel.

b) Auswertung der Komplexbande

Die Komplexbildungskonstante kann auch berechnet werden, wenn die Konzentration des Donator-Akzeptor-Komplexes c_{DA} aus der Intensität der Komplexbande abgeleitet wird. In Analogie zu Gl. (18) gilt:

$$c_{DA} = \frac{\varepsilon_2}{\varepsilon_2^0} \cdot c_D^0 = \frac{A_2'}{A_2} \cdot c_D^0 \tag{47}$$

Eine meßbare Größe ist die scheinbare Intensität der Komplexbande (maximaler Extinktionskoeffizient ε_2 bzw. Integralabsorption A_2') bei der jeweiligen analytischen Konzentration c_D^0. Die Schwierigkeit besteht jedoch darin, daß sich die wahre Intensität der Komplexbande (ε_2^0 bzw. A_2) nicht ohne weiteres wie die Intensität der Monomerenbande experimentell bestimmen läßt. Außerdem sind die Intensitätsmessungen an der Komplexbande im *IR*-Spektrum mit einem relativ großen Fehler behaftet. Die Bedeutung der auf der Auswertung der Komplexbande basierenden Verfahren besteht vor allem darin, daß sie das Prinzip für die Ermittlung der Komplexbildungskonstanten sowohl von H-Brückenkomplexen als auch von Elektronen-Donator-Akzeptor-Komplexen (*EDA*-Komplexen) aus der Absorptionsbande des jeweiligen Komplexes im sichtbaren und *UV*-Spektrum darstellen.

TSUBOMURA [43] entwickelte ein Verfahren, bei dem ε_2^0 und K_{DA} rein rechnerisch aus dem Extinktionsverhältnis r zweier Messungen bei verschiedenen Protonenakzeptorkonzentrationen $c_{A,1}^0$ und $c_{A,2}^0$ und konstanter Protonendonatorkonzentration c_D^0 (oder umgekehrt) erhalten werden:

$$\frac{E_{2,1}}{E_{2,2}} = \frac{c_{K,1}}{c_{K,2}} = r \tag{48}$$

Aus Gl. (43) und (44) folgt:

$$\begin{aligned} K_K &= \frac{c_{K,1}}{(c_D{}^0 - c_{K,1})\,(c_{A,1}^0 - c_{K,1})} \\ &= \frac{c_{K,2}}{(c_D{}^0 - c_{K,2})\,(c_{A,2}^0 - c_{K,2})} \end{aligned} \tag{49}$$

Nach Einführen der Größe r in Gl. (49) sind die gesuchten Größen c_{DA} und K_{DA} erhältlich. Das Verfahren ist auch auf die freie AH-Valenzschwingungsbande anwendbar.

Ein graphisches Auswerteverfahren für 1:1-Komplexe basiert auf der bekannten Benesi-Hildebrand-Gleichung [44]. Ist die Komplexbande ungestört (d. h. nicht von der Monomerenbande überlagert) und wird $c_D{}^0 < c_A{}^0 (c_{DA} < c_A{}^0)$ gewählt, dann folgt mit der gemessenen optischen Dichte D der Komplexbande

$$D = \frac{E}{d} = \varepsilon_{DA}^0 \cdot c_{DA} \tag{50}$$

aus Gl. (43) die Beziehung:

$$K_{DA} = \frac{D}{\varepsilon_{DA}^0 \left(c_D{}^0 - \frac{D}{\varepsilon_{DA}^0}\right)\left(c_A{}^0 - \frac{D}{\varepsilon_{DA}^0}\right)} \tag{51}$$

Einige Umformungen führen zur Benesi-Hildebrand-Gleichung

$$\frac{c_D{}^0}{D} = \frac{1}{\varepsilon_{DA}^0 \cdot K_{DA}} \cdot \frac{1}{c_A{}^0} + \frac{1}{\varepsilon_{DA}^0} \tag{52}$$

Gemessen wird die optische Dichte D der Komplexbande bei variablem $c_A{}^0$. Die graphische Auftragung von $c_D{}^0/D$ über $1/c_A{}^0$ führt zu einer Gerade, aus deren Anstieg und Ordinatenabschnitt der Extinktionskoeffizient der Komplexbande ε_{DA}^0 sowie die Komplexbildungskonstante

K_{DA} zugänglich sind. Für den Fall $c_A{}^0 < c_D{}^0$ ergibt sich eine analoge Gleichung mit vertauschten Indices.

c) Auswertung bei starker Bandenüberlagerung

Bei schwachen Donator-Akzeptor-Komplexen wird die Frequenzverschiebung zwischen freier Bande und Komplexbande so gering, daß eine Bandenseparation nicht mehr mit ausreichender Genauigkeit möglich ist. In diesen Fällen gelingt die Bestimmung der Komplexbildungskonstanten nach einer von ROSE und DRAGO [45] beschriebenen Methode, die auf der Auswertung der Intensität des gesamten Bandenkomplexes beruht.

Die optische Dichte des Bandenkomplexes ist gegeben durch:

$$D = \varepsilon_{DA}^0 \cdot c_{DA} + \varepsilon_D{}^0(c_D{}^0 - c_{DA}) \tag{53}$$

Experimentell zugänglich ist die Intensität der freien Bande der Donatorkomponente:

$$D_0 = \varepsilon_D{}^0 \cdot c_D{}^0 \tag{54}$$

Aus Gl. (43), (53) und (54) folgt bei Substitution von c_{DA} die Beziehung:

$$\frac{1}{K_{DA}} = \frac{c_A{}^0 c_D{}^0(\varepsilon_{DA}^0 - \varepsilon_D{}^0)}{D - D_0} + \frac{D - D_0}{\varepsilon_{DA}^0 - \varepsilon_D{}^0} - c_A{}^0 - c_D{}^0 \tag{55}$$

Unbekannt sind K_{DA} und ε_{DA}^0. Die Lösung der Gl. (55) kann numerisch oder graphischer folgen, indem die optische Dichte D bei variablem $c_A{}^0$ oder $c_D{}^0$ gemessen wird.

Erfolgt keine Bandenüberlagerung (D_0, $\varepsilon_D{}^0 = 0$) und gilt $c_D{}^0 < c_A{}^0$, vereinfacht sich Gl. (55) wesentlich und geht, wenn der Term $D/\varepsilon_{DA}^0 - c_D{}^0$ vernachlässigt wird, in die BENESI-HILDEBRAND-Gleichung (Gl. (52)) über.

Neben den beschriebenen Verfahren wird in der Literatur eine Vielzahl weiterer Methoden zur Bestimmung der Komplexbildungskonstanten, z. B. für schwache H-Brücken- und *EDA*-Komplexe, konkurrierende Komplexgleichgewichte, 1:2-Komplexe diskutiert, auf die an dieser Stelle jedoch nicht näher eingegangen werden kann.

2.2. *Elektronenspektroskopie*

Das Absorptions- und Emissions-(Fluoreszenz-)Spektrum im sichtbaren und *UV*-Gebiet (6000—2000 Å) ist für die Untersuchung der H-Brückenbindung geeignet, sofern an der H-Brücke chromophore Gruppen beteiligt sind. Derartige Gruppen, die polare Mehrfachbindungen oder Heteroatome mit einsamen Elektronenpaaren enthalten, können in der H-Brücke ebenso als Protonendonator (Elektronenakzeptor) wie auch als Protonenakzeptor (Elektronendonator) fungieren. Entsprechend ihrer Funktion wird die spektrale Lage die Feinstruktur und die Intensität der Elektronenübergangsbanden beeinflußt. Naturgemäß erfolgt eine Änderung der Bandenparameter auch bei allen anderen zwischenmolekularen Wechselwirkungen (z. B. bei Solvatation), jedoch sind die dadurch verursachten Änderungen nicht so groß wie bei der H-Brückenbindung. Lediglich bei Bildung der relativ stabilen Elektronen-Donator-Akzeptor-Komplexe (*EDA*-Komplexe) wird das Elektronenspektrum ebenfalls stark verändert. Alle diese zwischenmolekularen Wechselwirkungen zeigen jedoch nicht das typische Schwingungsverhalten der H-Brückenkomplexe im *IR*-Spektrum und können auf diese Weise von ihnen unterschieden werden.

Spektrale Verschiebung

Am deutlichsten äußert sich die Bildung von H-Brücken in der Verschiebung der Absorptionsmaxima der $n-\pi^*$- und der $\pi-\pi^*$-Elektronenübergänge*) in den Chromophoren. Die $n-\pi^*$-Übergänge werden nach höheren Wellenzahlen verschoben (Blauverschiebung, hypso-

*) $n-\pi^*$: Übergang von einem nichtbindenden, atomaren Energieniveau (n-Orbital) auf ein angeregtes, unbesetztes π-Energieniveau

$\pi-\pi^*$: Übergang zwischen dem höchsten besetzten und dem niedrigsten unbesetzten π-Energieniveau

chromer Effekt), wenn die chromophore Gruppe in der H-Brücke als Protonenakzeptor wirkt. Die Ermittlung der Blauverschiebung erfolgt durch Messungen an Lösun-

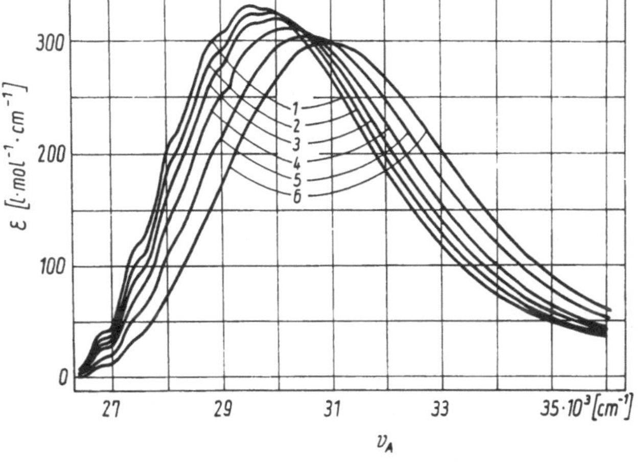

Abb. 21. $n-\pi^*$-Absorptionsbande 10^{-2} molarer Lösungen von Pyridazin in Äthanol/n-Hexan-Mischungen [64].

Die Äthanolkonzentration steigt von 1) nach 6) an (0 bis 0,549 mol · l^{-1})

gen des Protonenakzeptors (z. B. Benzophenon, Azobenzol) in unpolaren Lösungsmitteln (z. B. n-Hexan) und polaren Lösungsmitteln mit Protonendonatorfunktion (z. B. Alkoholen, Wasser).

Abb. 21 läßt erkennen, daß das Absorptionsmaxima von Pyridazin beim Übergang von einer n-Hexan-Lösung zu Mischungen von n-Hexan mit Äthanol um etwa 1500—2500 cm^{-1} blauverschoben wird [46]. Gleichzeitig wird die Feinstruktur der Bande weitgehend verwaschen. Abb. 22 stellt eine vergrößerte Wiedergabe des linken unteren Bereiches von Abb. 21 dar, nebst einigen Spektren bei höheren Äthanolkonzentrationen. Die Bande bei 26800 cm^{-1} ist in ihrer spektralen Lage vom Mischungsverhältnis n-Hexan/Äthanol unabhängig, ihre Intensität nimmt aber mit zunehmender Alkoholkonzentration ab. Sie wird durch nicht assoziiertes Pyridazin in n-

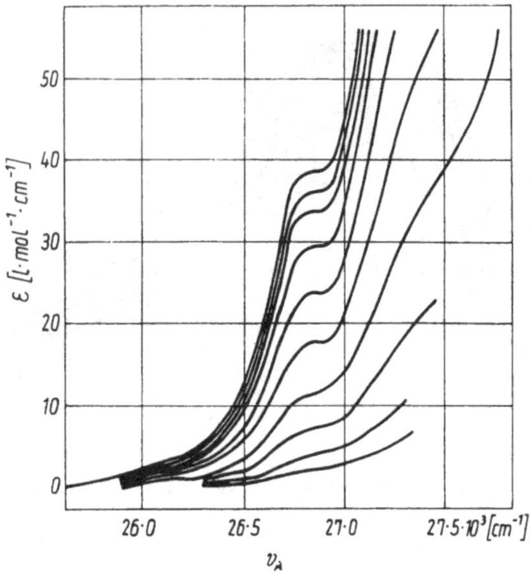

Abb. 22. Ausschnitt von Abb. 21

Äthanolkonzentration von oben nach unten zunehmend (0 bis 4,27 mol · l^{-1})

Hexan verursacht. Aus der Intensität beider Banden sind auf dem schon zuvor beschriebenen Weg (s. Kap. 2.1.6.) die Gleichgewichtskonstante und die Komplexbildungsenthalpie des zugrundeliegenden Komplexgleichgewichtes zugänglich:

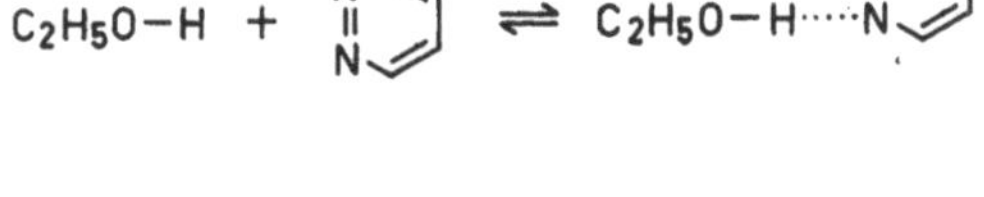

Fungiert die chromophore Gruppe in der H-Brücke als Protonendonator, so beobachtet man im Elektronenspektrum eine Verschiebung der entsprechenden Absorptionsmaxima zu niederen Wellenzahlen (Rotverschiebung, bathochromer Effekt). Rotverschiebung zeigt z. B.

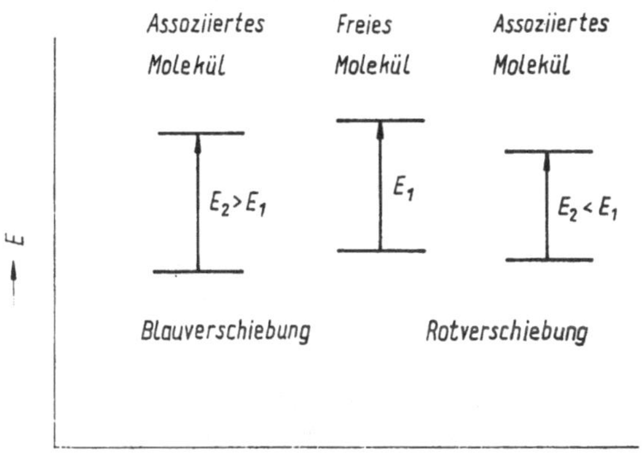

Abb. 23. Einfluß der H-Brückenbindung auf die spektrale Lage eines Absorptionsmaximums im Elektronenspektrum

die *UV*-Absorption von Phenol in n-Heptan (36010 cm^{-1}) bei der Bildung von H-Brückenkomplexen mit den Protonenakzeptoren Benzol ($-140\ cm^{-1}$), Dioxan ($-350\ cm^{-1}$), Aceton ($-397\ cm^{-1}$) und Triäthylamin ($-580\ cm^{-1}$). Ebenso zeigen die π—π^*-Übergänge in Protonenakzeptorgruppen Rotverschiebungen.

Den Einfluß der H-Brücken auf die spektrale Lage eines Absorptionsmaximums veranschaulicht Abb. 23.

Die Wellenzahl des Elektronenüberganges wird durch die Energiedifferenz zwischen dem Grundzustand und dem angeregten Zustand des Systems bestimmt. Die Wellenzahl nimmt zu, wenn die Energie des Grundzustandes des Moleküls durch die Ausbildung einer H-Brücke stärker erniedrigt wird als die Energie des Anregungszustandes ($E_2 > E_1$). Erfolgt durch die Protonenakzeptorgruppe eine $n-\pi^*$-Absorption, so wird die Stabilität der H-Brücke im angeregten Zustand geschwächt, da die Akzeptorstärke der n-Elektronen abnimmt (es steht nur ein n-Elektron als Akzeptor zur Verfügung). Gleichzeitig erfolgt eine Blauverschiebung der $n-\pi^*$-Bande. Umgekehrt wird der polare Anregungszustand der Elektronen im Protonendonatormolekül sowie bei $\pi-\pi^*$-Übergängen auch im Protonenakzeptormolekül durch die benachbarten Dipolmoleküle meist stärker als der Grundzustand stabilisiert und die Stärke der H-Brücke kann im angeregten Zustand zunehmen. Da hier $E_2 < E_1$ ist, kommt es zur Rotverschiebung der Elektronenübergänge.

Aus den genannten Gründen wird deutlich, daß die spektrale Verschiebung einer Bande im Elektronenspektrum nur ein recht grobes Maß für die Energie der H-Brücke darstellt. Ihre Interpretation erfordert in jedem Fall die Berücksichtigung des Franck-Condon-Prinzips, nach dem sich die Kernkonfiguration des Systems während des Absorptionsprozesses kaum ändert. Für die spektrale Verschiebung $\Delta\nu_a$ einer Absorptionsbande in H-Brückensystemen gilt nach Pimentel [47] die Beziehung:

$$\Delta\nu_a = \nu_a - \nu_0 = W_0 - W_1 + \omega_1 \qquad (56)$$

Es bedeuten W_0 (identisch $-\Delta$H) und W_1 die H-Brückenenergie im Grund- bzw. im angeregten Zustand des Moleküls; ω_1 ist die zusätzliche Anregungsenergie, die durch das Franck-Condon-Prinzip erfordert wird. Da ω_1 immer positiv ist, wird $\Delta\nu_a$ stets größer sein als die Energiedifferenz $W_0 - W_1$ erfordert. Wird die H-Brücke im angeregten Zustand geschwächt (Blauverschiebung), dann gilt $\omega_1 > W_1$ und $\Delta\nu_a > W_0$, d. h. die Blauverschiebung ist größer als es der Energie der H-Brücke im Grundzustand entspricht. Bei der Stabilisierung der H-Brücke im angeregten Zustand ist hingegen $\omega_1 > W_1$ und somit $\Delta\nu_a < W_0$. Die gemessene Rotverschiebung ist folglich kleiner als die Energie der H-Brücke im Grundzustand. Die Gültigkeit von Gl. (56) konnte durch Vergleich der experimentell ermittelten und der aus $\Delta\nu_a$ berechneten Assoziationsenergie für eine Reihe von H-Brückenkomplexen überzeugend bestätigt werden [48]. Die Frequenzverschiebung, besonders der $n-\pi^*$-Blauverschiebung, ist jedoch der Energie der H-Brückenbindung proportional und hat sich in dieser Eigenschaft als brauchbar für die Charakterisierung der Stärke von H-Brücken-Komplexen erwiesen [49]. Lediglich eine geringe Verschiebung der Absorptionsbanden zeigen Moleküle mit intramolekularer H-Brückenbindung in polaren Lösungsmitteln.

Spezielle Phänomene

Während der Lichtabsorption erhöht sich die Protonendonatorstärke der AH-Gruppe. Ausdruck dafür ist ihre zunehmende Acidität (fallende pK_a-Werte) beim Übergang vom Grund- in den Anregungszustand. Damit steigt aber die Tendenz des Protonenüberganges zum Akzeptor B (Protonentransfer) oder zur Ausbildung von tautomeren Strukturen im Sinne des Gleichgewichtes:

$$A-\mathrm{H}\cdots B \rightleftharpoons A^{-}\cdots\mathrm{H}-B^{+}$$

Bei Anwendung hoher Lichtintensitäten ist es möglich, während der Belichtung die Existenz der dissoziierten Moleküle, z. B. des Anions A^-, nachzuweisen. Der Nachweis der einzelnen tautomeren Formen gelingt auch, wenn das bewegliche Proton durch eine Methylgruppe ersetzt wird. Besonders deutlich zeigt sich die Dissoziation der H-Brücken in der Absorption im fernen UV (~2000 Å). Sie kann zu einer reversiblen Änderung der Farbe der chromophoren Verbindung führen, wenn diese mit UV-Licht bestrahlt wird (Phototropie).

Die Änderung der Intensität der Elektronenübergänge durch zwischenmolekulare Wechselwirkungen in Lösung ist relativ gering. Durch die H-Brückenbindung oder durch Solvatationserscheinungen können zwar Übergangsverbote gelockert und Übergangsmomente geändert werden, jedoch variiert die Intensität eines Elektronenübergangs in verschiedenen Lösungsmitteln in der Regel nicht mehr als $\pm 10\%$. Eine bedeutsame Veränderung tritt allerdings im Elektronenspektrum auf, wenn in der Lösung stöchiometrische Elektronen-Donator-Akzeptor-Komplexe (*EDA*-Komplexe) gebildet werden, wie es z. B. zwischen Jod und Pyridin, Naphthalin und Trinitrobenzol, Brom und Chlor der Fall ist. Dann erscheint im sichtbaren oder *UV*-Spektrum eine völlig neue und intensive Absorptionsbande, die gegenüber den Absorptionsbanden der monomeren Komponenten nach langen Wellenlängen verschoben ist (bathochromer Effekt). Diese sog. Charge-transfer-Bande wird durch die Bildung des *EDA*-Komplexes

$$\mathrm{D} \cdots A \leftrightarrow D^{+}-A^{-}$$

hervorgerufen, dessen ionogene Grenzstruktur mit dativer Bindung im angeregten Zustand begünstigt ist. Die Bildungsenthalpie der *EDA*-Komplexe liegt in der Größenordnung der H-Brückenkomplexe. Bisweilen wird die H-Brückenbindung als Grenzfall einer Elektronen-Charge-transfer-Wechselwirkung betrachtet. Allerdings ist der Nachweis einer spezifischen Charge-transfer-Absorption in H-Brückensystemen bisher nur in wenigen Fällen gelungen.

Die Intensität der Banden im Elektronenspektrum ist empfindlich von den äußeren Parametern, wie Konzentration und Temperatur abhängig. Ist die spektrale Verschiebung genügend groß oder können die einzelnen Banden gut separiert werden, so gestattet die Bestimmung der Intensität bei verschiedenen Konzentrationen bzw. Temperaturen auf der Grundlage des Lambert-Beer-schen-Gesetzes die Berechnung der Gleichgewichtskonstanten und der Bindungsenergie von H-Brückenkomplexen aber auch von allen anderen Molekülkomplexen (s. Kap. 2.1.6.).

Aus der spektralen Lage und der Intensität der Fluoreszenzbanden lassen sich ähnliche wertvolle Informationen über die Assoziation im Anregungszustand erhalten wie aus den Absorptionsspektren über die Assoziation im

Grundzustand des H-Brückenkomplexes. Bei der Messung und Deutung der Fluoreszenzspektren treten jedoch zusätzliche Probleme auf. Sie sind teils meßtechnischer Art teils theoretisch bedingt. Die Änderung der Elektronenstruktur im angeregten Zustand führt zur Umverteilung der Lösungsmittelmoleküle. Diese Umverteilung wiederum beeinflußt die Energie des angeregten Zustandes bei der Fluoreszenz. Dadurch unterscheiden sich die gemessenen spektralen Verschiebungen für einen Elektronenübergang im Emissions- und im Absorptionsspektrum stark (sie sind im Fluoreszenzspektrum kleiner). Weiterhin ist die Kernkonfiguration des Anregungszustandes im allgemeinen nicht bekannt. Diese Probleme sind eine wesentliche Ursache dafür, daß bisher relativ wenige fluoreszenzspektroskopische Untersuchungen von H-Brückensystemen vorgenommen worden sind.

2.3. Protonenresonanzspektroskopie

Die Protonenresonanzspektroskopie (*PMR*-Spektroskopie) wurde erstmals 1951 auf die Untersuchung der H-Brückenbindung angewendet. Sie hat sich seither zu einer der leistungsfähigsten Methoden entwickelt. Der Nachteil, daß in Lösungen meist nur ein einziges *A*H-Protonensignal auftritt, wird durch den Umstand ausgeglichen, daß die spektrale Lage dieses Signals durch charakteristische Temperatur- und Konzentrationsabhängigkeiten gekennzeichnet ist, die die Grundlage für die quantitative Bestimmung des Assoziationsgleichgewichtes bilden. Die Einführung hochauflösender Spektrometer (100 MHz und höher) ermöglicht die Untersuchung auch schwacher Wechselwirkungen. Darüberhinaus stellt die *PMR*-Spektroskopie ein bequemes analytisches Verfahren zur Messung der Kinetik von Protolysereaktionen dar und gestattet somit auch den Einblick in die Dynamik wasserstoffbrückengebundener Systeme.

Assoziationsverschiebung

Der wichtigste spektroskopische Parameter bei der Auswertung des *PMR*-Spektrums ist die „Assoziationsverschiebung“ des *A*H-Protonensignals $\Delta\delta$ (ppm). Sie ist als Differenz der chemischen Verschiebung der Protonensignale der reinen Substanz in der flüssigen Phase und in der gasförmigen Phase bzw. bei unendlicher Verdünnung in einem unpolaren Lösungsmittel definiert. Die Assoziationsverschiebung erfolgt im allgemeinen nach niederen Feldstärken und liegt, von wenigen Ausnahmen abgesehen, nicht höher als etwa 4 ppm. Folgende Ursachen tragen wesentlich hierzu bei:

1. Mit der Bildung der *A*H···*B*-Brücke wird das Proton vom Feld des Akzeptors *B* angezogen. Dadurch vergrößert sich der Abstand der *A*H-Bindung und die Elektronendichte am Proton verringert sich. Die Abschwächung der Abschirmung des Brückenprotons verursacht grundsätzlich einen negativen Beitrag zur Assoziationsverschiebung.

2. Ist die Elektronenhülle des Akzeptors *B* nicht sphärisch symmetrisch, dann ist das von *B* ausgehende Magnetfeld anisotrop. Die Anisotropie des sekundären Magnetfeldes hat in linearen *A*H···*B*-Brücken eine Zunahme der Abschirmung des *A*H-Protons und folglich eine geringfügige Verschiebung des *A*H-Signals nach höheren Feldstärken zur Folge. Eine relativ große positive Verschiebung wird beobachtet, wenn *B* ein aromatischer Ring ist (paramagnetischer Ringstromeffekt).

3. In gewinkelten *A*H···*B*-Bindungen nimmt der Einfluß der diamagnetischen Anisotropie auf die Assoziationsverschiebung ab, da sich die axiale Symmetrie des Molekülkomplexes verringert. Die Ausbildung nichtlinearer H-Brücken äußert sich somit indirekt in einem negativen Beitrag zur Assoziationsverschiebung.

Die Tatsache, daß im wesentlichen elektrische Ladungen und in geringerem Maße Anisotropieerscheinungen die Ursache der Assoziationsverschiebung sind, wird durch den Befund untermauert, daß intramolekulare H-Brücken vielfach eine etwa doppelt so große Assoziationsverschiebung wie intermolekulare verursachen, denn in diesen

Molekülen können zwitterionische Strukturen häufig durch Mesomerie stabilisiert werden.

Im Gegensatz zur *IR*-Spektroskopie wird im PMR-Spektrum meist nur ein einziges *A*H-Protonensignal beobachtet, obwohl im assoziierten System neben den Monomeren häufig eine Vielzahl verschiedenartiger Assoziate vorliegt. Die Frequenzlage und die Bandenform des *A*H-Protonensignals hängen stark von der Geschwindigkeit des Protonenaustausches zwischen den Molekülen bzw. Assoziaten ab. Die Protonenaustauschgeschwindigkeit, die normalerweise (z. B. in reinem Äthanol) relativ gering ist, erhöht sich bei Temperaturanstieg und besonders bei der üblichen Anwesenheit von sauren und basischen Verunreinigungen enorm. So ist in sehr vielen H-Brückensystemen (in Lösung) die Lebensdauer der Assoziate mit 10^{-10} bis 10^{-12} sec (hohe Bildungs- und Zerfallsgeschwindigkeit der H-Brücken) sehr viel kleiner als die reziproken Frequenzabstände (10^{-2} bis 10^{-3} sec) der dazugehörigen Protonensignale. Diese verschmelzen dann zu einer einzigen scharfen Linie, dem *A*H-Signal des Systems, dessen Lage durch die chemischen Verschiebungen und Konzentrationen der Monomeren und aller in der Lösung existierenden Assoziate bestimmt wird. Verlangsamt sich die Protonenaustauschgeschwindigkeit so stark, daß sie etwa dem Frequenzabstand der Signale entspricht, dann verbreitert sich das *A*H-Signal. Bei sehr langsamen Austausch beobachtet man die erwartete Signalaufspaltung durch Spinkopplung. Mit steigender Temperatur und abnehmender Konzentration verschiebt sich das *A*H-Signal des Systems in Richtung auf das Monomerensignal bei höherem Feld (Entassoziierung). Die beschriebenen Erscheinungen sind in Abb. 24 am Beispiel des *PMR*-Spektrums des Äthanols verdeutlicht.

In reinem flüssigen Äthanol ist bei Normaltemperatur das OH-Protonensignal bei 5,13 ppm infolge Spinkopplung mit den Methylenprotonen in ein Triplett aufgespalten. Der Austausch des Hydroxylprotons zwischen verschiedenen Alkoholmolekülen verläuft unter diesen

Bedingungen langsam. In den Äthanollösungen beobachtet man hingegen ein scharfes *A*H-Protonensignal (schneller Protonenaustausch), welches mit steigender

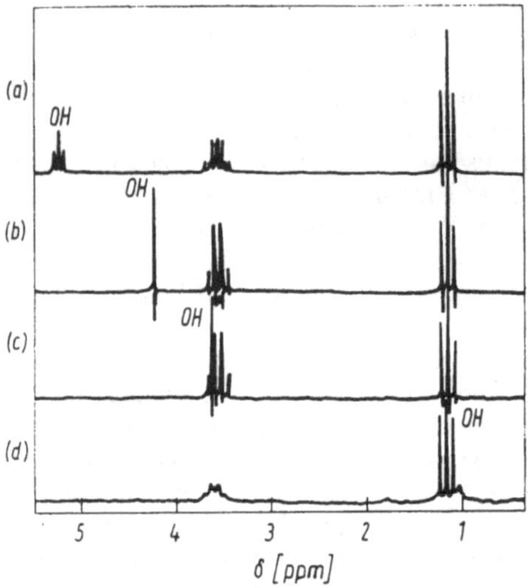

Abb. 24. *PMR*-Spektrum von Äthanol bei 40 °C und 60 MHz
a) flüssiges Äthanol
b) 2,2 mol · l^{-1} in CCl_4
c) 1,1 mol · l^{-1} in CCl_4
d) 0,11 mol · l^{-1} in CCl_4
(gegen *TMS*-Standard)

Verdünnung nach höherem Feld verschoben wird. Die Konzentrationsabhängigkeit der chemischen Verschiebung des *A*H-Signals bildet die Grundlage für die im folgenden beschriebene quantitative Ermittlung der Assoziationskonstanten und -enthalpien.

Quantitative Bestimmung der Assoziationskonstanten

Nach Gutowsky und Saika [50] ist die chemische Verschiebung des *A*H-Protonensignals einer in einem inerten

Lösungsmittel gelösten Substanz bei einer jeweiligen analytischen Konzentration c der gewichtete Mittelwert der Verschiebungen der Monomeren (δ_1) und der verschiedenen Assoziate mit der Zähligkeit $n = 2, 3, 4, \ldots$ (δ_n):

$$\delta = \sum_1^n n \frac{c_n}{c} \delta_n \tag{57}$$

Die Beziehung gilt streng nur für den Fall, daß bei der Konzentrationsänderung die Einflüsse der Umgebung (VAN-DER-WAALsche Wechselwirkung, Anisotropieeffekte usw.) auf die chemische Verschiebung konstant bleiben, also nur bei hinreichend kleinen Konzentrationen. Nach dem Massenwirkungsgesetz gilt für ein n-zähliges Assoziat:

$$K_{1n} = \frac{c_n}{c_1{}^n} \tag{58}$$

Folglich ist:

$$\delta = \frac{(\delta_1 c_1 + 2\delta_2 K_{12} c_1{}^2 + \cdots + n\delta_n \mathrm{K}_{1n} c_1{}^n)}{(c_1 + 2K_{12}c_1{}^2 + \cdots + nK_{1n}c_1{}^n)} \tag{59}$$

Gl. (59) ist in allen Fällen, in denen mehr als ein Assoziationsgleichgewicht in der Lösung vorliegt, nicht lösbar. Wird aber vorausgesetzt, daß im untersuchten Konzentrationsbereich lediglich ein einziges Assoziat mit der Zähligkeit n vorliegt, so reduziert sich Gl. (59) auf die Beziehung:

$$\delta = \frac{(\delta_1 c_1 + n\delta_n K_{1n} c_1{}^n)}{c} \tag{60}$$

mit $c = c_1 + nK_{1n}c_1{}^n$. Die chemische Verschiebung der Monomeren δ_1 ist durch Extrapolation der AH-Protonenverschiebung δ auf unendliche Verdünnung zugänglich. Die Assoziationskonstante K_{1n} kann mittels der nachfolgend beschriebenen Näherungsverfahren berechnet werden.

1. Ermittlung eines n-zähligen Assoziationsgleichgewichtes ($n = 2, 3, 4, \ldots$) (SH-Methode)

Nach SAUNDERS und HYNE [51] ist es vorteilhaft, δ als Funktion von $\ln c$ zu betrachten. Diese Funktion besitzt stets einen Wendepunkt, aus dessen Koordinaten (Index w) sich die Parameter δ_1, δ_n und K_{1n} bestimmen lassen:

$$\delta_1 = \delta_w + \frac{1}{\sqrt{n} - 1}\left(-\frac{d\delta}{d \ln c}\right)_w \tag{61}$$

$$\delta_n = \delta_w - \frac{\sqrt{n}}{\sqrt{n} - 1}\left(-\frac{d\delta}{d \ln c}\right)_w \tag{62}$$

$$\ln K_{1n} = (n-1)(-\ln c)_w + (n-1)\ln\left(1 + \frac{1}{\sqrt{n}}\right) - \frac{3}{2}\ln n \tag{63}$$

Die Zähligkeit des dominierenden Assoziatkomplexes läßt sich durch Probieren ermitteln. Für $n > 4$ wird das Verfahren ungenau und liefert nur bei weiteren Annahmen, z. B. der Voraussetzung, daß für jeden Assoziationsschritt dieselbe Assoziationskonstante gilt, brauchbare Ergebnisse.

Die Anwendbarkeit der SH-Methode veranschaulicht Abb. 25. Aus der guten Übereinstimmung zwischen experimenteller und theoretischer Kurve für $n = 3$ des Systems t-Butanol/CCl_4 geht hervor, daß das Monomer-Trimer-Gleichgewicht dominiert ($K_{13} = 5\ l^2 \cdot mol^{-2}$) [51].

2. Ermittlung des Monomer-Dimer-Gleichgewichtes ($n = 2$) (LS-Methode)

Die „Limiting-Slope-Methode“ (LS-Methode) [52] ermöglicht die Berechnung der Dimerisationskonstante von Eigenassoziaten. Erforderlich sind Untersuchungen bei genügend kleinen Konzentrationen, in denen neben den Monomeren meßbare Mengen an Dimeren vorliegen.

Dann folgt aus Gl. (60):

$$(d\delta/dc)_{c\to 0} = 2K_{12}(\delta_2 - \delta_1) \tag{64}$$

Der Anstieg der experimentellen Kurve $\delta = \delta(c)$ für verschwindende Konzentrationen ist allein durch das Monomer-Dimer-Gleichgewicht bestimmt und gestattet die Berechnung von K_{12} wenn δ_2 bekannt ist. Die Ermittlung eines exakten Wertes für δ_2 bereitet oft Schwierigkeiten, da neben den Dimeren meist noch höhere Asso-

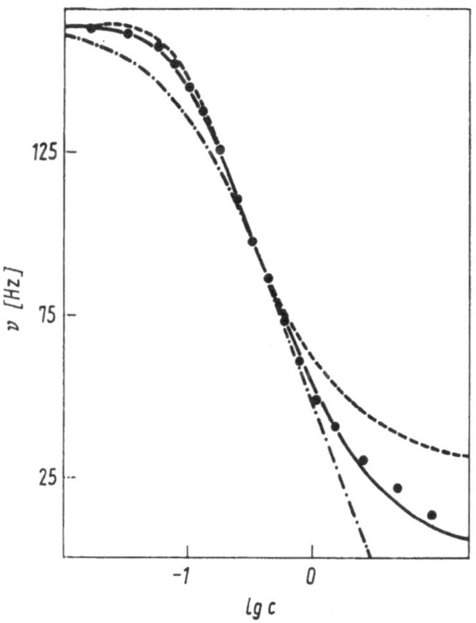

Abb, 25. OH-Resonanzfrequenz (Verschiebung gegen Wasser) von t-Butanol als Funktion von lg c in CCl_4 (bei 40 MHz) [51].

Die eingezeichneten Kurven wurden für angenommene Assoziationsgleichgewichte mit den Zähligkeiten $n = 2{,}3$ und 4 berechnet.

- - - Tetramere   -·-·- Dimere

—— Trimere   • beobachtet

ziate vorliegen. Deshalb wird vielfach δ_2 unter Zugrundelegung von empirischen Beziehungen bestimmt [53].

In stark assoziierten Verbindungen, z. B. Alkoholen und Phenolen, ist die gleichzeitige Anwendung beider Näherungsverfahren vorteilhaft. Dann erhält man mit Hilfe der LS-Methode bei niedrigen Konzentrationen die Dimerisationskonstante K_{12}, während mit Hilfe der SH-Methode eine Gleichgewichtskonstante K_{1n} eines höheren Assoziationsgleichgewichtes berechnet werden kann.

3. Donator-Akzeptor-Komplexe

Liegen in einem unpolaren Lösungsmittel 1:1 Donator-Akzeptor-Komplexe vor, so folgt für die chemische Verschiebung des AH-Signals nach Gl. (57):

$$\delta = x_1\delta_1 + x_2\delta_2 \tag{65}$$

x_1 und x_2 sind die Molenbrüche der freien und komplexgebundenen Protonen. Durch Verknüpfung mit Gl. (58) und unter Berücksichtigung der experimentellen Bedingung, daß die Konzentration des Protonenakzeptors $c_A{}^0$ sehr viel größer ist als die Konzentration des Protonendonators $c_D{}^0$, läßt sich die Gleichung

$$\frac{1}{\delta - \delta_1} = \frac{1}{K_{DA}(\delta_2 - \delta_1)\, c_A{}^0} + \frac{1}{\delta_2 - \delta_1} \tag{66}$$

ableiten [54]. Wird $1/(\delta - \delta_1)$ gegen $1/c_A{}^0$ aufgetragen, ergeben sich für jede Temperatur Geraden, aus deren Anstieg die Komplexkonstante K_{DA} zugänglich ist. Die thermodynamischen Assoziationsparameter ΔH_{ass} und ΔS_{ass} folgen auf dem üblichen Weg aus der Temperaturabhängigkeit der Gleichgewichtskonstanten.

In Tab. 7 sind berechnete Parameter der Eigenassoziation verschiedener Verbindungen aufgeführt.

Tabelle 7

PMR-spektroskopisch ermittelte Parameter der Eigenassoziation verschiedener Verbindungen (in CCl_4) [53, 55]

Verbindung	$(\delta_1 - \delta_n)$ ppm	K_{1n} $[l^{n-1} \cdot mol^{-n+1}]$	n	$-\Delta H_{ass}$*) $[kcal \cdot mol^{-1}]$	Methode
Typ: OH···O					
Methanol	–	2,90	2	9,3	Methode 3 (modif.)
	4,70	28,4	4	$3,8^a$; $2,8^b$	SH
Äthanol	2,3	0,48	2	7,4	LS
	4,24	44,9	4	$4,8^a$; $3,6^b$	SH
t-Butanol	–	0,40	2	5,5	LS
	4,17	5,60	3	$9,9^a$; $6,6^b$	SH
Phenol	1,4	1,3	2	5,4	LS
	3,58	4,78	3	$4,8^a$; $3,2^b$ [56]	SH
Typ: NH···N					
Diäthylamin	0,38	0,42	2	–	LS
	1,0	$2,5 \cdot 10^{-4}$	4	2,3	SH
Piperidin	0,43	0,38	2	2,1	LS
	1,3	$1,3 \cdot 10^{-3}$	4		SH
Typ: SH···S					
t-Buthylthiol	1,58	$6,7 \cdot 10^{-3}$	2		SH

*) Enthalpie pro Wasserstoffbrücke

a offene, *b* cyclische Assoziatstruktur

Spezielle Anwendungsgebiete

1. Schwache Wechselwirkungen

In der *IR*- und *UV*-Spektroskopie ist die Untersuchung schwacher Wechselwirkungen ein Intensitätsproblem, da die Konzentrationsabhängigkeit der Intensität schwacher Banden gemessen werden muß. In der *PMR*-Spektroskopie wird dagegen die Konzentrationsabhängigkeit der Frequenz des Protonensignals bestimmt, was oft sehr viel einfacher ist. So konnte anhand der Konzentrationsverschiebung eindeutig die Existenz von schwachen SH···S-Dimeren in Thiolen nachgewiesen werden; $\Delta\delta$ liegt hier in der Größenordnung von etwa 0,3—1,5 ppm (Tab. 7). Gleichfalls ist es möglich, die Eigenschaften von Wassrstoffbrücken des Typs CH···B, die z. B. in Komplexen von Chloroform bzw. Acetylen mit Protonenakzeptoren auftreten, sowie der AH···π-Wasserstoffbrücken in den Komplexen mit Aromaten zu untersuchen. Die Auswertung der *PMR*-Spektren von H-Brückensystemen mit NH-Protonen von Aminogruppen (Quadrupolkopplung mit dem ^{14}N-Kern) ist durch die Anwendung der Doppelresonanztechnik (Spinentkopplung) möglich.

2. Protonenaustauscheffekte

Konkurrierende Protonentransferprozesse in H-Brükkensystemen können zu interessanten Erscheinungen im *PMR*-Spektrum führen. Beispielsweise werden in Wasser-Äthanol-Mischungen zwei getrennte Protonensignale mit den Frequenzen ν_A und ν_B beobachtet, die den OH-Gruppen des Wassers und des Alkohols zuzuordnen sind (Abb. 26).

Die Existenz von zwei getrennten OH-Protonensignalen bei niedrigen Temperaturen bedeutet, daß der Protonenaustausch zwischen den Alkohol- und Wassermolekülen langsam verläuft. Er wird durch Temperaturerhöhung beschleunigt. Bei 27 °C verschwindet zunächst das Triplett des Alkohol-OH-Signals und bei 72 °C fallen schließlich die beiden OH-Signale zusammen. Bei dieser Temperatur kann die Protonenaustauschgeschwindigkeit auf einfache Weise bestimmt werden. Die Lebensdauer des

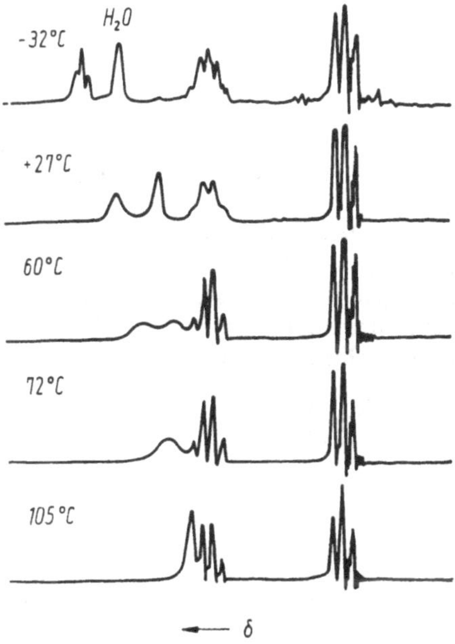

Abb. 26. *PMR*-Spektrum eines Gemisches aus Äthanol und Wasser im Verhältnis 2:1 bei verschiedenen Temperaturen [57]

jeweiligen Molekülkomplexes (Verweilzeit des Protons am entsprechenden Akzeptormolekül) ergibt sich aus der Frequenzdifferenz der Signale nach der Beziehung:

$$\tau' = \sqrt{2}/2\pi(\nu_A - \nu_B) \tag{67}$$

Da der Abstand der Signale des OH-Tripletts wesentlich geringer ist (ca. 5 Hz) als die Differenz der Frequenzen der beiden OH-Signale (ca. 30 Hz), verschwindet die Triplettaufspaltung des Alkohol-OH-Signals bereits bei einer geringeren Austauschgeschwindigkeit. Aus den bei zwei verschiedenen Temperaturen bestimmten Austauschgeschwindigkeiten kann die Aktivierungsenergie der Protonentransferreaktion berechnet werden (für Äthanol 7,6 kcal $\times$ mol^{-1}) [58].

3. Intramolekulare Wasserstoffbrücken

In Molekülen mit intramolekularer H-Brückenbindung ist die chemische Verschiebung der AH-Brückenprotonen relativ unempfindlich gegenüber Temperatur- und Konzentrationsänderungen. Wird eine Konzentrationsabhängigkeit beobachtet, deutet das auf eine Konkurrenzreaktion unter Bildung intermolekularer H-Brücken hin. Die konkurrierenden Gleichgewichte zwischen intra- und intermolekularer H-Brückenbildung lassen sich z. B. beim o-Chlorphenol wie folgt darstellen:

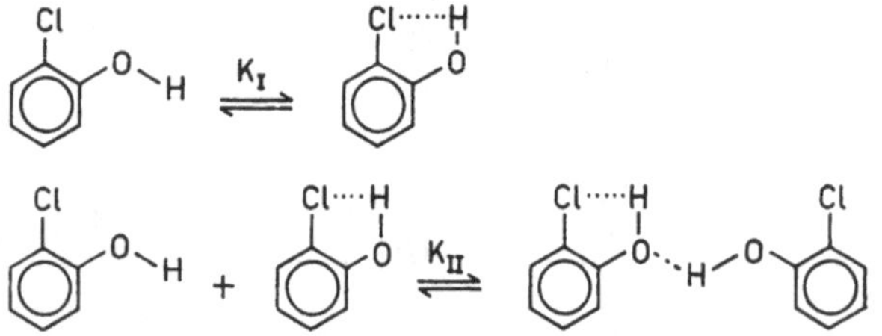

Ist die intramolekulare H-Brücke sehr stabil (z. B. im Salicylaldehyd), so wird die intermolekulare Assoziation fast völlig unterdrückt, und die Assoziationsverschiebung wird verschwindend klein. Die Assoziationskonstante K_I sowie die Assoziationsenthalpie des intramolekularen H-Brückengleichgewichtes ist dann nur auf indirektem Weg zugänglich. Man bestimmt hierzu die auf unendliche Verdünnung extrapolierten chemischen Verschiebungen von strukturell ähnlichen Molekülen mit und ohne Befähigung zur intramolekularen Wasserstoffbrückenbindung. Die auf diese Weise gemessene Differenz $\Delta\delta'$ kann mit der im *IR* gemessenen Frequenzverschiebung $\Delta\nu_{AH}$ korreliert werden und stellt ein Maß für die Stärke der intramolekularen H-Brücke dar. Die Enthalpie der intramolekularen H-Brücken liegt im allgemeinen im Bereich von etwa 2,5—3,5 kcal · mol^{-1}. Die intramolekularen H-Brücken werden häufig durch Tautomeriegleichgewichte stabilisiert. Gut untersucht ist z. B. die Keto-Enol-Tautomerie von β-Diketonen, speziell des Acetylacetons:

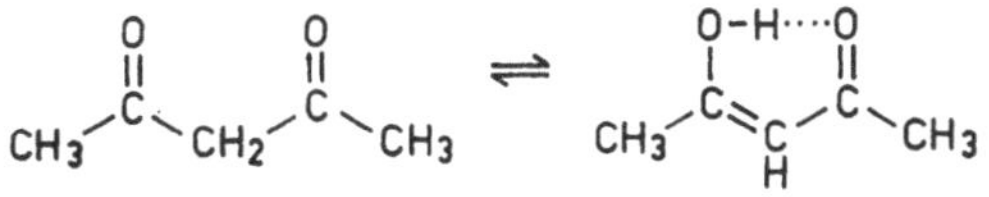

Keto-Form Enol-Form

In reinem Acetylaceton erfolgt die Tautomerisierung so langsam, daß das CH_2-Signal der Keto-Form sowie das CH-Signal und das OH-Signal der Enol-Form nebeneinander beobachtet werden können. Das Gleichgewicht liegt zu etwa 80% auf der Seite des Enols, die Tautomerieenthalpie beträgt 2,7 kcal · mol^{-1}. Aus dem Abstand des OH-Signals der Enol-Form vom CH_2-Signal der Keto-Methylengruppe ($\sim$ 480 Hz) ergibt sich nach Gl. (67) die mittlere Lebensdauer der Tautomeren zu $\tau' = 5 \cdot 10^{-4}$ sec. Bei Anwesenheit von Protonendonatoren oder Protonenakzeptoren (Stabilisierung der Keto- bzw. der Enol-Form) kann sich jedoch das Spektrum wesentlich verändern. So fallen in einer Mischung aus Acetylaceton und Essigsäure die diskreten OH-Signale beider Verbindungen bei 64 °C zusammen, d. h. zwischen den verschiedenen Molekülen findet ein Protonenaustausch mit $\tau' = 1{,}5 \times 10^{-3}$ sec statt [59].

Leistungsfähigkeit und Grenzen der *PMR* Spektroskopie

Die *PMR*-Spektroskopie ist neben der *IR*-Spektroskopie die am häufigsten benutzte Methode für das Studium der H-Brückenbindung. Sie ist leistungsfähig und vielseitig anwendbar auf Systeme mit inter- und intramolekularen H-Brückenbindungen. Im *PMR*-Spektrum haben bereits geringfügige Elektronenverschiebungen meßbare

Änderungen der hochempfindlichen Resonanzfrequenz zur Folge, im *IR*-Spektrum dagegen führen sie nur zu kleinen Frequenzverschiebungen und minimalen Änderungen der Bandenintensitäten. Hinsichtlich der Untersuchung schwacher zwischenmolekularer Wechselwirkungen ist deshalb die *PMR*-Spektroskopie der *IR*-Spektroskopie überlegen. Ein Vorteil ist weiterhin die Möglichkeit, Messungen in wäßriger Lösung vornehmen zu können. Ein ganz wesentlicher Vorzug gegenüber der *IR*-Spektroskopie liegt in ihrer Eignung zum Studium der Kinetik von Protonentransfer-Reaktionen.

Die Grenzen der *PMR*-Spektroskopie zeigen sich vor allem bei der quantitativen Ermittlung des Assoziationsgleichgewichtes. Die Nachteile der Methode lassen sich in folgenden Punkten zusammenfassen:

1. Die Ursachen der Assoziationsverschiebung sind komplexer Natur. Bei ihrer Interpretation ist besonders dann Vorsicht geboten, wenn der Beitrag der H-Brückenbindung zur Assoziationsverschiebung klein ist und Mediumeinflüsse bzw. Anisotropieeffekte dominieren.
2. Der im allgemeinen extrem schnelle Platzwechsel der Brückenprotonen hat nur ein einziges mittleres Protonensignal zur Folge. Über die Natur der verschiedenen H-Brückenassoziate im System können deshalb keine Aussagen gemacht werden.
3. Die quantitative Ermittlung der H-Brückengleichgewichte bereitet Schwierigkeiten, wenn im System mehr als ein Assoziattyp vorliegt. Die aus *PMR*-Daten berechneten Gleichgewichtskonstanten der Eigenassoziation geben lediglich Auskunft über das dominierende bzw. mittlere Assoziationsgleichgewicht.
4. Die *PMR*-Spektroskopie ist für Untersuchungen von gasförmigen Systemen oder von sehr verdünnten Lösungen auf Grund des ungünstigen Signal-Rausch-Verhältnisses nur begrenzt anwendbar. Fortschritte in dieser Richtung brachte die Einführung der Fourier-Transform-Spektroskopie, die zugleich die erfolgversprechende Anwendung der *PMR*-Spektroskopie auf das Studium von Biopolymeren ermöglicht.

Die genannten Schwierigkeiten können umgangen werden, wenn die *PMR*-Spektroskopie mit der *IR*-

Spektroskopie oder anderen Methoden (z. B. dielektrichen und thermodynamischen Verfahren) gekoppelts wird. Die kombinierte Anwendung der *PMR*-Spektroskopie und der *IR*-Spektroskopie ermöglicht darüber hinaus systemcharakteristische Aussagen, die eine Methode allein nicht liefern kann.

2.4. Thermodynamische Methoden

Mischsysteme, in denen relativ stabile H-Brückenkomplexe existieren, zeigen ein mehr oder weniger stark ausgeprägtes „Realverhalten". Das äußert sich besonders deutlich in der Art der Abweichung der Dampfdrücke vom RAOULTschen Gesetz. Sie kann positiv oder negativ sein. Tab. 8 gibt einen Überblick über den Einfluß der H-Brückenbindung verschiedener Klassen von Mischungen auf das RAOULTsche Gesetz.

Tabelle 8
Einfluß der H-Brückenbindung auf das Raoultsche Gesetz in binären Mischsystemen

Molekültypen	Abweichungen vom Raoultschen Gesetz	Mischungs-effekt	Beispiele
II + III	negativ	H-Brückenbildung	Chloroform-Aceton, Äther-Acetylen
I + II	positiv	H-Brückenbildung und -zerfall (dominierend)	Chloroform-Methanol, Pentachloräthan-Buttersäure
I + III	positiv (häufig) oder negativ	H-Brückenbildung und -zerfall	Dioxan-Wasser (+), Benzol-Methanol (+), Dioxan-Essigsäure (−)
I + I	positiv (häufig) oder negativ	H-Brückenbildung und -zerfall	Äthanol-Wasser (+), Ameisensäure-Wasser (−)
I + IV	positiv	H-Brückenzerfall	Äthanol-Tetrachlormethan
übrige	quasiideal oder positiv	ohne oder Solvatation	Aceton-Hexan (+), Benzol-Toluol (ideal)

In diese vereinfachte Klassifizierung der Flüssig-Dampf-Gleichgewichte lassen sich jedoch viele Fälle nicht einordnen. Einerseits können sich gegenläufige Mischungseffekte infolge gleichzeitiger Dissoziation und Bildung spezifischer H-Brücken kompensieren, so daß nahezu ideales Verhalten resultiert. Beispiele hierfür sind die Systeme Äthanol-Pyridin und Wasser-Aceton. Andererseits können auch Systeme ohne H-Brücken Azeotrope bilden, wenn Solvatationserscheinungen vorliegen (z. B. Schwefelkohlenstoff-Aceton).

In der Mischphasenthermodynamik wird das Realverhalten durch die Exzeßfunktionen ausgedrückt. Sie beschreiben die Unterschiede zwischen der jeweiligen thermodynamischen Größe einer realen Mischung und der entsprechenden einer idealen Mischung gleicher Zusammensetzung. Definitionsgemäß gilt allgemein für eine Exzeßfunktion

$$\Delta Z^E = \Delta Z_{\text{real}} - \Delta Z_{\text{ideal}} \tag{68}$$

ΔZ_{real} stellt die Mischungsfunktion der realen Mischung (hier assoziierte Mischung) und ΔZ_{ideal} die Mischungsfunktion der idealen Mischung dar. Mit Hilfe dieser Exzeßfunktionen, vor allem der Freien Exzeßenthalpie ΔG^E, der Exzeßenthalpie ΔH^E und der Exzeßentropie ΔS^E sowie der Exzeßmolwärme $\Delta C_p{}^E$ und des Exzeßvolumens ΔV^E lassen sich die assoziierten Mischsysteme gut charakterisieren. Die Freien Exzeßenthalpien sind auf dem Wege über die Aktivitätskoeffizienten aus den Partialdampfdrücken der Mischsysteme zugänglich und errechnen sich gemäß

$$\Delta G^E = RT \sum_i x_i \ln \gamma_i \tag{69}$$

Hierin sind x_i der Molenbruch und γ_i der Aktivitätskoeffizient der Komponente i. Prinzipiell können auch die Exzeßenthalpien mit Hilfe der Aktivitätskoeffizienten ermittelt werden. Da erfahrungsgemäß dieser Weg nur zu recht ungenauen Werten führt, werden sie meist aus kalorimetrisch bestimmten Mischungswärmen gewonnen.

Die Exzeßentropien schließlich ergeben sich mit Hilfe thermodynamischen Grundgleichung zu

$$T\Delta S^E = \Delta H^E - \Delta G^E \tag{70}$$

Bei geeigneter Normierung ermöglichen die Aktivitätskoeffizienten auch die Ermittlung des Monomerenanteils α im Assoziatsystem. Somit kann auf völlig anderem Weg die Verläßlichkeit der spektroskopisch gewonnenen thermodynamischen Daten von H-Brückensystemen überprüft und erhärtet werden.

Weiterhin sind die Aktivitätskoeffizienten und damit die thermodynamischen Exzeßfunktionen assoziierter Mischungen berechenbar, wenn die Assoziationskonstanten aller im System auftretenden Assoziate und Solvate bekannt sind und ein geeignetes Modell zur Beschreibung der thermodynamischen Eigenschaften assoziierter Mischungen zugrunde gelegt wird. Die Leistungsfähigkeit des Modells der assoziierten Mischung und des gewählten Assoziattyps, der die spektroskopische Bestimmung der benötigten Assoziationskonstanten ermöglicht (s. Kap. 2.1.6.), zeigt sich durch den Vergleich der experimentell ermittelten mit den berechneten thermodynamischen Funktion der Mischung. Obwohl die genannten Voraussetzungen bisher nur für relativ einfach zu überschauende Assoziatsysteme gegeben sind, konnten bereits wesentliche Fortschritte bei der Interpretation der thermodynamischen Eigenschaften von assoziierten Mischungen mit Hilfe des aufgezeigten Weges erzielt werden. Nachfolgend seien die wichtigsten thermodynamischen Assoziationsmodelle, die die Berechnung thermodynamischer Funktionen gestatten, kurz beschrieben.

Modell der ideal assoziierten Mischung

Die Beschreibung der thermodynamischen Eigenschaften assoziierter Mischungen basiert allgemein auf dem von PRIGOGINE [60] entwickelten Modell der ideal assoziierten Mischung. In einer ideal assoziierten Mischung aus den Komponenten A und B, in der Assoziate A_n, B_n und Komplexe A_nB_m $(n, m = 1, 2, 3, \ldots)$ vorliegen können, sind definitionsgemäß alle Wechselwirkungen zwischen den Teilchenarten ausgeschlossen; für den Mischungsvorgang ist $\Delta V = 0$ gesetzt. Die Mischung aus monomeren Molekülen und Komplexen verhält sich also für alle Konzentrationen ideal. Unter der Voraussetzung, daß die einzelnen Teilchenarten miteinander im thermodynamischen Gleichgewicht stehen, gilt für die Aktivitätskoeffizienten γ_A und γ_B:

$$\gamma_A = \frac{1}{x_{A_1}^0} \cdot \frac{x_{A_1}}{x_A} \tag{71}$$

$$\gamma_B = \frac{1}{x_{B_1}^0} \cdot \frac{x_{B_1}}{x_B} \tag{72}$$

Es bedeuten x_{A_1} und x_{B_1} die Molenbrüche der Monomeren bei der analytischen Konzentration x_A und x_B der Komponenten A und B sowie $x_{A_1}^0$ und $x_{B_1}^0$ die Grenzwerte für die Molenbrüche der Monomeren in den reinen Komponenten (symmetrisches Bezugssystem. Da $x_{A_1} \gg x_{A_1}^0 \cdot x_A$ bzw. $x_{B_1} > x_B$ ist, sind beide Aktivitätstätskoeffizienten stets größer als 1. Die ideal assoziierte Mischung zeigt somit positive Abweichungen vom Raoultschen Gesetz.

Sind lediglich die Moleküle der Komponente A assoziiert, wie es z. B. für Alkohole in unpolaren Lösungsmitteln zutrifft, so ist es zweckmäßiger, bei der Behandlung sehr verdünnter Lösungen von A in B das asymmetrische Bezugssystem $(x_A \to 0)$ zu benutzen. Die Aktivikoeffizienten $\gamma_A{}^*$ und $\gamma_B{}^*$ sind dann lediglich von den Monomerenanteilen α_A und α_B sowie vom mittleren Assoziationsgrad χ abhängig. Die Größe χ ist definiert als Quotient aus der Gesamtzahl der Moleküle A und der Gesamtzahl aller Teilchenarten der Komponente A. Die

Aktivitätskoeffizienten ergeben sich dann zu:

$$\gamma_A^* = \alpha_A \left(\frac{x_A}{\chi_A} + x_B\right)^{-1} \tag{73}$$

$$\gamma_B^* = \left(\frac{x_A}{\chi_A} + x_B\right)^{-1} \tag{74}$$

mit

$$\alpha_A = \frac{n_{A_1}}{n_A}, \quad \alpha_B = \frac{n_{B_1}}{n_B}, \quad \chi_A = \frac{n_A}{\sum_i n_{A_i}} \tag{75}$$

Daraus folgt die einfache Beziehung

$$\frac{\gamma_A^*}{\gamma_B^*} = \alpha_A \tag{76}$$

Für jede Lösung des beschriebenen Typs ist also das Verhältnis der Aktivitätskoeffizienten der assoziierten Substanz γ_A^* (bezogen auf unendliche Verdünnung) und des Lösungsmittels γ_B^* (bezogen auf die reine Phase) gleich dem Monomerenanteil der Komponente A.

Die Aktivitätskoeffizienten γ_A^* und γ_B^* sind aus den Partialdampfdrücken zugänglich. Unterscheiden sich die Sättigungsdampfdrücke der reinen Komponenten stark voneinander, so daß die gemessenen Gesamtdampfdrücke der Mischung in erster Näherung als Partialdampfdrücke der leichter siedenden Komponente (z. B. des Lösungsmittels) angesehen werden können, so sind die Partialdampfdrücke der Mischungskomponenten aus der DUHEM-MARGULES-Gleichung iterativ berechenbar. Die Anwendbarkeit der Gl. (76) läßt sich durch Vergleich mit den spektroskopisch ermittelten Monomerenanteilen α (identisch mit α_A) überprüfen. Den Grad der Übereinstimmung der nach beiden Methoden gewonnenen Zahlenwerte zeigt Abb. 27 am Beispiel des Systems Octanon-4-oxim/CCl_4 [61].

Abgesehen von einer kleinen Diskrepanz im Bereich niedriger Oximkonzentrationen stimmen die α-Werte recht gut überein. Eine prinzipielle Übereinstimmung des

Kurvenverlaufs wird auch für Alkohole in unpolaren Lösungsmitteln beobachtet, jedoch führen die spektroskopischen Messungen zu etwas höheren α-Werten [62]. Die Abweichung läßt sich plausibel mit der Existenz

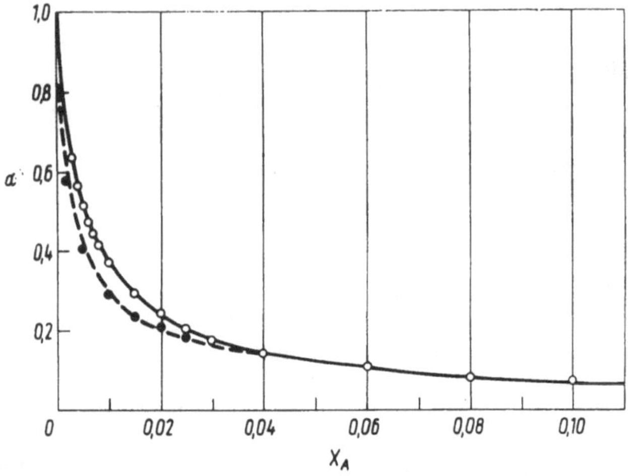

Abb. 27. Vergleich der spektroskopisch (○) und thermodynamisch (●) ermittelten Monomerenanteile α von Octanon-4-oxim in CCl_4 bei 30°C

offenkettiger Alkoholassoziate erklären, deren entständige freie OH-Gruppen bei der Bestimmung der Intensität der OH-Monomerenbande mit erfaßt werden (vgl. Abb. 27). Insgesamt zeigt die sorgfältige Prüfung der verfügbaren Daten, daß Gl. (76) recht gut erfüllt ist und in den meisten assoziierten Mischsystemen die Abweichungen vom idealen Verhalten fast ganz auf Assoziation zurückgeführt werden können. Die geringen aber eindeutigen Unterschiede verdeutlichen zugleich, daß in die thermodynamisch ermittelten Monomerenanteile auch alle übrigen zwischenmolekularen Wechselwirkungen, die nicht auf H-Brückenbindungen beruhen, eingehen.

Das Modell der ideal assoziierten Mischung stellt einen Grenzfall dar, der verschiedener Korrekturen bedarf. Der Einfluß der unspezifischen zwischenmolekularen Wechselwirkungen auf die thermodynamischen Exzeßfunktionen kann durch ein empirisches oder halbempirisches Korrekturglied (z. B. einen PORTERschen Ansatz, s. S. 103) berücksichtigt werden. Weiterhin läßt sich der Beitrag zur Mischungsentropie, der aus der unterschiedlichen Größe der Assoziate im Vergleich zu den Monomeren resultiert und im Modell der ideal assoziierten Mischung vernachlässigt ist, in einfachen Fällen näherungsweise berechnen.

Ist nur die Komponente A assoziiert und wird angenommen, daß ausschließlich kettenförmige Assoziate gebildet werden, so ergibt sich bei der Berücksichtigung der Entropiekorrektur die Beziehung:

$$\ln \gamma_B^* = x_A \left(1 - \frac{1}{\chi_A}\right) \tag{77}$$

Es läßt sich zeigen, daß in verdünnten Lösungen von A in B der Größenunterschied der Assoziate auf den Aktivitätskoeffizienten des Lösungsmittels nur von untergeordneter Bedeutung ist, da der mittlere Assoziationsgrad χ_A dem Wert 1 sehr nahe kommt. Bei beträchtlicher Assoziation ($\chi_A \to \infty$) hingegen ist der Effekt wesentlich größer. Aus Gl. (74), in der die Entropiekorrektur nicht berücksichtigt ist, wird dann

$$\lim \gamma_B^* = \frac{1}{1 - x_A} \tag{78}$$

und aus Gl. (77)

$$\lim \gamma_B^* = e^{x_A} \tag{79}$$

Das Modell der ideal assoziierten Mischung führt also zu positiven Abweichungen des Aktivitätskoeffizienten des Lösungsmittels, die bei den oben beschriebenen Voraussetzungen für $x_A \to 1$ Werte zwischen ∞ (Gl. (78)) und e (Gl. (79)) annehmen können. Dieses Ergebnis kann wie folgt gedeutet werden: Bleibt die Entropiekorrektur außer acht, so verursacht die Assoziation der Komponente A allein positive Abweichung vom RAOULTschen Gesetz. Lange Molekülketten hingegen wirken aus Entropiegründen diesen Abweichungen entgegen. Die Kombination beider Größen führt zu Abweichungen, die zwar noch positiv, aber bedeutend kleiner sind, als man auf Grund des alleinigen Assoziationseffektes voraussagen würde. Die beschriebenen Verhältnisse sind in Abb. 28 für einige Systeme veranschaulicht.

Die Aktivitätskoeffizienten des CCl_4 sind stets größer als der durch Gl. (79) bestimmte Grenzwert. Dies zeigt, daß in konzentrierten Lösungen die Alkoholassoziate nicht einfach als kettenförmig angesehen werden können.

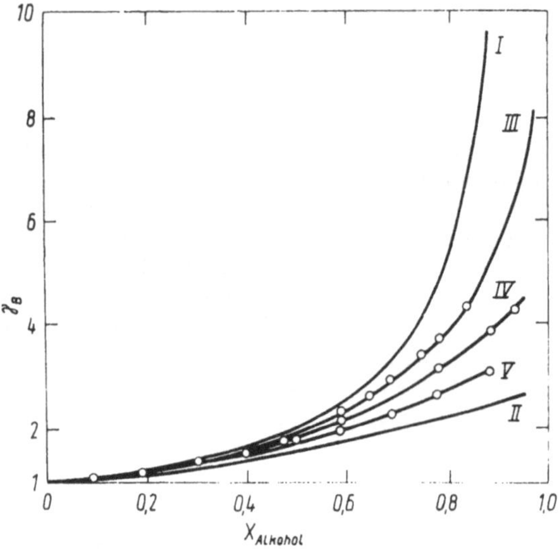

Abb. 28. **Aktivitätskoeffizienten von CCl_4 in den Systemen [60].**

a) $CCl_4 + C_2H_5OH$ (Kurve III)
b) $CCl_4 + CH_3OH$ (Kurve IV)
c) $CCl_4 + C_6H_5OH$ (Kurve V)

Die Grenzgesetze (Gl. 77 und 78) sind durch die Kurven I bzw. II wiedergegeben

Vielmehr müssen bis zu einem gewissen Grade ringförmige und kompliziertere Assoziatstrukturen in Betracht gezogen werden.

Aus der relativ guten Übereinstimmung zwischen den spektroskopisch und thermodynamisch bestimmten Monomerenanteilen kann geschlußfolgert werden, daß die Aktivitätskoeffizienten und die thermodynamischen Funktionen assoziierter Mischsysteme berechenbar sein müssen, wenn die Gleichgewichtskonstanten aller im System auftretenden Assoziate und Solvate aus spektroskopischen Messungen zur Verfügung stehen. Da diese Voraussetzung aber nur selten gegeben ist, wird die Wahl eines geeigneten Modells zur Beschreibung des Assoziationsgleichgewichtes für das jeweilige untersuchte System notwendig.

Kehiaian [63] hat das Modell der ideal assoziierten Mischung auf verschiedene Typen von Assoziationsgleichgewichten angewendet und ein Gleichungssystem für die Berechnung der Aktivitätskoeffizienten und der thermodynamischen Funktionen von binären assoziierten Mischungen entwickelt. Die Berechnung der Exzeßfunktionen erfordert lediglich die Kenntnis der Molenbrüche weniger Teilchenarten und somit der dazugehörigen Assoziationskonstanten. Ausgangspunkt sind die von Prigogine abgeleiteten Beziehungen für die Aktivitätskoeffizienten γ_A und γ_B (Gl. (71) und (72)). Wird der Assoziationstyp günstig gewählt, kann eine sehr gute Übereinstimmung mit den experimentell bestimmten Exzeßfunktionen erreicht werden.

Es sei die Anwendung des Modells der ideal assoziierten Mischung auf ein Assoziationsgleichgewicht vom Mecke-Kempter-Typ betrachtet. Mit den Bedingungen dieses Modells

$$nA \rightleftharpoons A_n \qquad (n = 2, 3, \ldots, \infty) \tag{80}$$

und der Assoziationskonstanten $K = K_{12} = K_{23} = K_{34} = \ldots$ ergeben sich für die Aktivitätskoeffizienten γ_A und

γ_B die Beziehungen:

$$\gamma_A = \frac{1}{x_A}\left(1 - \frac{2x_B}{1 + \sqrt{1 + 4Kx_Ax_B}}\right) \tag{81}$$

$$\gamma_B = \frac{1}{x_B}\left(1 - \frac{2x_A}{1 + \sqrt{1 + 4Kx_Ax_B}}\right) \tag{82}$$

Mit ihrer Hilfe sind dann unter Verwendung der Gleichung

$$\Delta G^E = RT(x_A \ln \gamma_A + x_B \ln \gamma_B) \tag{83}$$

die Freien Exzeßenthalpien zugänglich. Die Freie Exzeßenthalpie ist immer positiv, da in der ideal assoziierten Mischung die Aktivitätskoeffizienten γ_A und γ_B stets größer als 1 sind. Ähnliche Beziehungen werden für die Exzeßfunktionen erhalten, wenn das Modell der ideal assoziierten Mischung auf andere Typen von Assoziationsgleichgewichten übertragen wird.

Kehiaian hat seinen Formalismus auf verschiedene Assoziationsgleichgewichte angewendet. Die Untersuchungen erstreckten sich vorwiegend auf Mischungen von aliphatischen und aromatischen Aminen mit Kohlenwasserstoffen. In Abb. 29 sind die berechneten und die experimentell ermittelten Aktivitätskoeffizienten und Freien Exzeßenthalpien für das System $n\text{-}C_3H_7NH_2/n\text{-}C_6H_{14}$ miteinander verglichen [64]. Die Berechnung erfolgte unter Zugrundelegung des Mecke-Kempter-Modells (s. Kap. 2.1.6.). Es ist zu ersehen, daß beide Modelle die experimentellen Daten gleich gut beschreiben. Eine eindeutige Klärung der Frage, welches Gleichgewicht der Assoziation der Amine zugrunde liegt, ist offensichtlich allein mit Hilfe der ermittelten thermodynamischen Mischungsfunktionen nicht möglich.

Der Kehiaiansche Formalismus ist bisher nur auf relativ einfache assoziierte Systeme angewendet worden. Für die Berechnung der thermodynamischen Mischungsfunktionen von binären Systemen aus Alkoholen und unpolaren Lösungsmitteln erwies er sich als nicht geeignet [64]. Die Ursachen dafür liegen in der begrenzten Anwendbarkeit der benutzten Modelle: Die Vernachlässigung der unspezifischen zwischenmolekularen Kräfte und der Entropieänderung durch die unterschied-

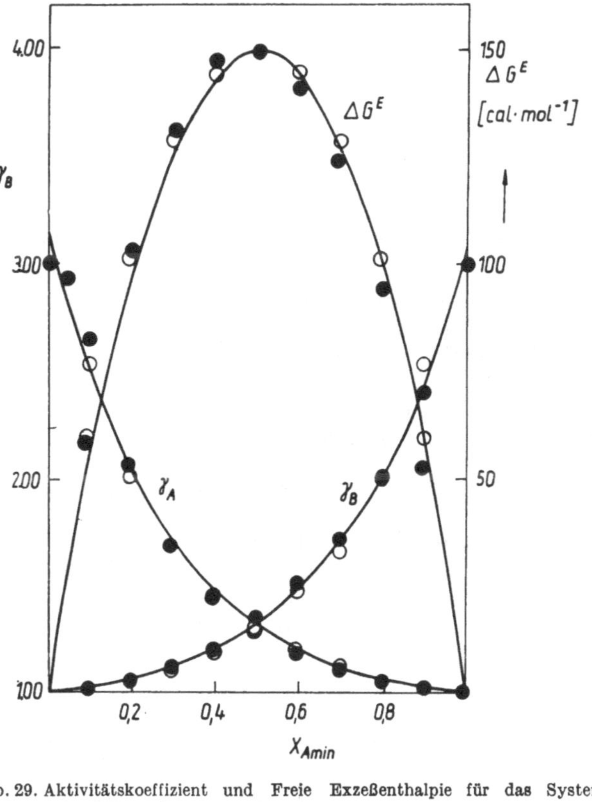

Abb. 29. Aktivitätskoeffizient und Freie Exzeßenthalpie für das System $n\text{-}C_3H_7NH_2/n\text{-}C_6H_{14}$ bei 0 °C [64]

—— experimentelle Kurven
• berechnet für das Monomer-Tetramer-Modell
○ berechnet für das MECKE-KEMPTER-Modell

lichen Teilchengrößen ist in stark assoziierten Systemen mit relativ stark polaren Komponenten nicht mehr zulässig. Weiterhin läßt sich die starke Assoziation einer Komponente, z. B. der Alkohole, nicht mit einem einfachen Typ eines Assoziationsgleichgewichtes über dem gesamten Molenbruchbereich befriedigend beschreiben.

Anwendung des Modells der ideal athermischen Mischung auf assoziierte Systeme

Lacmann [65] hat ein weiteres Verfahren zur Berechnung der Aktivitätskoeffizienten und der thermodynamischen Exzeßfunktionen von binären assoziierten Mischungen vorgeschlagen. Es behandelt das assoziierte System als eine ideal athermische Mischung. Eine athermische Mischung liegt vor, wenn die Abweichung des Mischsystemes vom idealen Verhalten nur von der Mischungsentropie bestimmt wird und die Mischungsenthalpie praktisch gleich Null oder sehr klein ist, d. h. wenn $T\Delta S^E \gg \Delta H^E$ ist. Nach Flory [66] ergibt sich die Entropieänderung eines ideal athermischen Gemisches der Komponenten A und B aus der Gleichung:

$$\Delta S = -R(n_A \ln \varphi_A + n_B \ln \varphi_B) \tag{84}$$

φ_A und φ_B bezeichnen die Volumenbrüche, n_A und n_B die Molzahlen der Komponenten A und B. Lacmann hat gezeigt, daß sich der Einfluß von Assoziation und Solvatation auf die Konzentrationsabhängigkeit der Aktivitätskoeffizienten darstellen läßt, wenn die Floryşche Gleichung auf alle in der Mischung vorhandene Teilchenarten angewendet wird. Erforderlich sind also die entsprechenden Assoziations- und Solvatationskonstanten.

Für die Überprüfung des Lacmannschen Modells sind die aliphatischen Oxime gut geeignet, da sie in Lösung nur wenige Assoziattypen bilden. Unter der Annahme, daß in den binären Systemen von Oximen mit inerten und polaren Lösungsmitteln nur Zweier- und Dreierassoziate sowie 1:1-Komplexe vorliegen, ergeben sich für die Aktivitätskoeffizienten γ_A und γ_B folgende Gleichungen:

$$\begin{aligned}\ln \gamma_A = {} & \ln \varphi_{A_1} - \ln x_A + \varphi_{A_2}(1 - 2^{-1}) + \varphi_{A_3}(1 - 3^{-1}) \\ & + \varphi_{B_1}(1 - r^{-1}) + \varphi_{AB}[1 - (1 + r)^{-1}] - \ln \varphi^0_{A_1} \\ & - \varphi^0_{A_2}(1 - 2^{-1}) - \varphi^0_{A_3}(1 - 3^{-1})\end{aligned} \tag{85}$$

$$\begin{aligned}\ln \gamma_B = {} & \ln \varphi_{B_1} - \ln x_B + \varphi_{A_1}(1 - r) + \varphi_{A_2}(1 - 2^{-1}r) \\ & + \varphi_{A_3}(1 - 3^{-1}r) + \varphi_{AB}[1 - r(1 + r)^{-1}] - \ln \varphi^0_{B_1}\end{aligned} \tag{86}$$

r gibt das Verhältnis der Molvolumina und φ_I den Volumenbruch der Teilchenart I an:

$$r = \frac{V_{B_1}}{V_{A_1}} \sim \frac{V_B}{V_A}, \qquad \varphi_I = \frac{c_I V_I}{\sum c_I V_I} \tag{87}$$

Die Volumenbrüche sind so normiert, daß die Aktivitäten der einzelnen Teilchenarten gleich 1 sind, wenn sie in reiner Phase vorliegen, d. h. wenn der analytische Molenbruch der dazugehörigen Komponente gleich 1 ist. Zur Berechnung der Aktivitätskoeffizienten sind also lediglich die Volumenbrüche aller im System vorhandenen Teilchenarten erforderlich. Sie können nach Gl. (87) aus der Konzentration der Teilchenarten berechnet werden, wenn die entsprechenden Assoziationskonstanten bekannt sind.

In Abb. 30 ist die Leistungsfähigkeit der obigen Gleichungen für eine Reihe binärer Systeme des Butanon-2-oxims mit unpolaren Mischkomponenten demonstriert [67]. Die erforderlichen Assoziations- und Solvatationskonstanten K_{12}, K_{13} und K_S sind infrarotspektroskopisch bestimmt worden [42]. Die Lacmann-Gleichungen geben das thermodynamische Verhalten der untersuchten Systeme qualitativ richtig wieder.

Allerdings liegen die berechneten Aktivitätskoeffizienten teilweise merklich niedriger als die aus den Dampfdruckmessungen gewonnenen. Die Differenzen erklären sich durch die Vernachlässigung aller zwischenmolekularen Wechselwirkungen, die nicht auf H-Brückenbildung beruhen. Hierauf hat bereits LACMANN hingewiesen und seine Gleichungen durch ein entsprechendes Zusatzglied

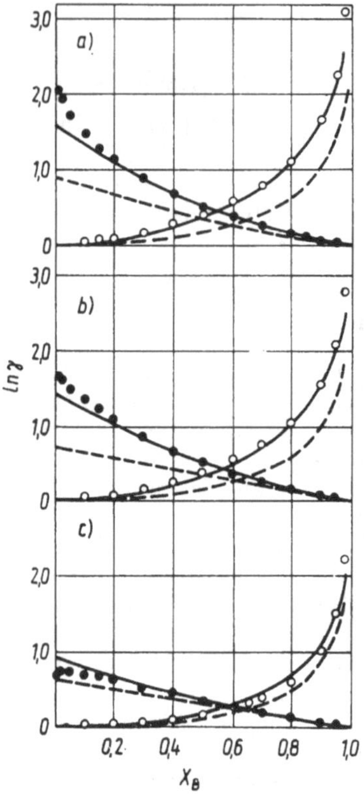

Abb. 30. Aktivitätskoeffizienten der binären Mischsysteme von Butanon-2-oxim mit a) Heptan, b) Cyclohexan, c) Tetrachlormethan

○, ●	experimentelle Werte
– – –	berechnet mit Hilfe von Gl. (85) und (86)
——	berechnet und korrigiert durch Zusatzglied

ergänzt [68]. Im vorliegenden Beispiel reicht ein einfacher empirischer PORTER-Ansatz der Form $(\Delta W_{AB}/RT)\,x_A^2$ bzw. $(\Delta W_{AB}/RT)\,x_B^2$ aus, um den berechneten Konzentrationsverlauf der Aktivitätskoeffizienten in gute Übereinstimmung mit dem Experiment zu bringen.

2.5. *Dielektrische Methoden*

Von erheblicher Bedeutung für die Untersuchung von H-Brückensystemen sind die dielektrischen Methoden [69]. Ihr besonderer Vorteil liegt darin, daß sie auch Informationen zulassen über konzentrierte Lösungen von Verbindungen, die zur H-Brückenbindung befähigt sind. Im Gegensatz zu den spektroskopischen Methoden gibt jedoch die Messung dielektrischer Eigenschaften von H-Brückensystemen keine direkten Informationen über individuelle Teilcheneigenschaften, sondern gestattet lediglich eine Interpretation von gemessenen Eigenschaften des Gesamtsystems.

Das dielektrische Verhalten polarer Flüssigkeiten und von Systemen mit polaren Komponenten wird durch die Theorie von ONSAGER gut wiedergegeben. Danach ergibt sich die Änderung der Dielektrizitätskonstanten $\Delta\varepsilon = \varepsilon(\text{Lösung}) - \varepsilon(\text{Lösungsmittel})$ einer Donatorkomponente A mit der molaren Konzentration c_A und dem effektiven Dipolmoment μ_A in einem unpolaren Lösungsmittel zu

$$\Delta\varepsilon_A = k_A c_A \mu_A^2 \tag{88}$$

Entsprechend gilt für die Lösung einer polaren Komponente B im gleichen Lösungsmittel

$$\Delta\varepsilon_B = k_B c_B \mu_B^2 \tag{89}$$

Bilden beide Komponenten im Lösungsmittel einen H-Brückenkomplex, so kommt es, wenn B zu einer Lösung von A gegeben wird, zu einer starken Zunahme der Dielektrizitätskonstanten. Für die Änderung der

Dielektrizitätskonstanten durch die Komplexbildung kann dann geschrieben werden:

$$\Delta\varepsilon_K = k_K c_B \mu_K^2 \tag{90}$$

μ_K ist das Dipolmoment des Komplexes $A - H\cdots B$. In Abb. 31 ist die Änderung der Dielektrizitätskonstanten in

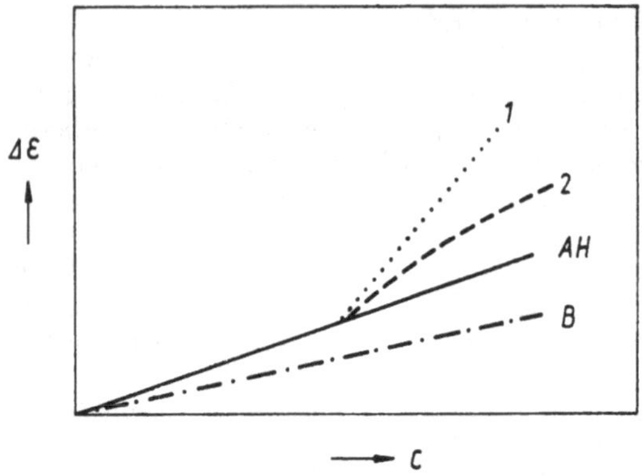

Abb. 31. Änderung der Dielektrizitätskonstanten $\Delta\varepsilon$ mit der Konzentration der polaren Komponente in verdünnten Lösungen (< 1 mol $\cdot\, l^{-1}$) [69].

AH, B Lösung der Komponenten AH oder B in einem unpolaren Lösungsmittel

(1) Grenzgerade für den reinen H-Brückenkomplex

(2) Komplexgleichgewicht $A-\mathrm{H} + B \leftrightarrows A-\mathrm{H}\cdots B$

Abhängigkeit von der Konzentration der polaren Komponente für die möglichen Fälle verdeutlicht. Die starke Zunahme von $\Delta\varepsilon$ bei Bildung eines H-Brückenkomplexes (Kurven 1 und 2) ist erklärlich, da nach Gl. (90) $\Delta\varepsilon$ dem Quadrat des Dipolmoments des Komplexes μ_K proportional ist. Bilden beispielsweise zwei Donator-Dipole mit jeweils dem Moment μ ein Assoziat mit dem Moment 2μ, dann ist die Zunahme der Dielektrizitätskonstanten proportional der Erhöhung des Dipolmomentes von $2\mu^2$ auf $(2\mu)^2$. Die ungewöhnlich hohen Dielektrizitätskonstanten einiger Flüssigkeiten, z. B. H_2O: 78,5; HCN: 158; HCOOH: 58,5; Formamid: 109,5; N-Methylformamid: 184,5, erklären sich — wie oben dargelegt — durch die Gegenwart starker intermolekularer H-Brücken. Wesentlich niedrigere Dielektrizitätskonstanten haben Verbindungen mit intramolekularen H-Brücken, z. B. o-Methoxyphenol: 11,7 und o-Chlorphenol: 6,3. Die Dielektrizitätskonstanten polarer Flüssigkeiten, die keine H-Brücken bilden, können in Abhängigkeit von der Stärke der intermolekularen Kräfte ebenfalls in einem weiten Bereich variieren, z. B. Pyridin: 12,3; Aceton: 20,7 oder Acetonitril: 37,5. Die Gl. (88)—(90) bilden die Grundlage für die Ermittlung des Dipolmoments μ_K, der Stöchiometrie und der Assoziationskonstanten des H-Brückenkomplexes.

Auf Grund der gegenseitigen Polarisation von Donator- und Akzeptormolekül im H-Brückenkomplex stimmt das Dipolmoment des Komplexes μ_K nicht genau mit der Vektorsumme der Momente der Komponenten μ_A und μ_B überein. Vielmehr ergibt sich in Abhängigkeit von der Polarität der Komponenten ein positives Exzeßdipolmoment, das sog. H-Brückenbindungsmoment $\Delta\mu$:

$$\Delta\mu = \mu_K - \mu_A - \mu_B \tag{91}$$

Der Wert von $\Delta\mu$ kann aus den experimentell zugänglichen Dipolmomenten μ_K, μ_A und μ_B berechnet werden, wenn die Geometrie des Komplexes bekannt ist. Für eine Reihe strukturell ähnlicher Komplexe ist $\Delta\mu$ in vielfältiger Weise mit Eigenschaften des H-Brückenkomplexes und den Donator- bzw. Akzeptoreigenschaften seiner Komponenten verknüpft. Vor allem charakterisiert $\Delta\mu$ Veränderungen in der Ladungsverteilung der H-Brücke im Vergleich zu jener der isolierten Moleküle und gestattet Hinweise auf die Natur der vorliegenden H-Brückenbindung.

Abb. 32 zeigt für eine Reihe von Komplexen aus substituierten Phenolen und Triäthylamin die Abhängigkeit zwischen $\Delta\mu$ und den pK_a-Werten der Phenole.

Die experimentell ermittelte Kurve läßt sich im Sinne einer Protonentransfer-Reaktion $A-H\cdots B \rightleftharpoons A^{-}\cdots H-Y^{+}$ deuten. Mit zunehmender Säurestärke des Phenols (fal-

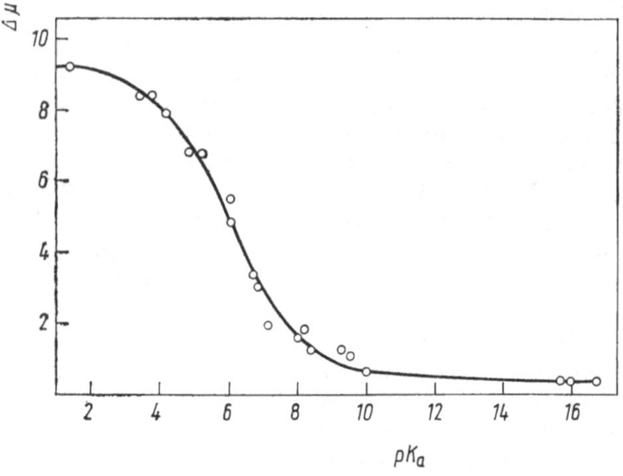

Abb. 32. Zusatzdipolmoment $\Delta\mu$ in subst. Phenol-Triäthylamin-Komplexen in Abhängigkeit von den pK_a-Werten der Phenole [70]

lender pK_a-Wert) erhöht sich die Polarität der O—H-Bindung so stark, daß ein Protonenübergang zum N-Atom stattfindet, es resultieren $\Delta\mu$-Werte von etwa 9 D (Pikrinsäure). Schwächer saure Phenole bilden mit Triäthylamin die üblichen H-Brücken vom $A-H\cdots B$-Typ mit $\Delta\mu$ von etwa 0,3 bis 1,0 D. Im nahezu linearen mittleren Bereich der Kurve befinden sich beide Formen im tautomeren Gleichgewicht. Die aus dem linearen Bereich zugängliche Gleichgewichtskonstante für das Protonentautomeriegleichgewicht K_{PT} ist abhängig von ΔpK_a, d. h. von der Acidität des Donators und der Basizität des Akzeptors. Die K_{PT}-Werte liegen beispielsweise für Phenol-Pyridin-Komplexe in der Größenordnung von 0,1 bis 9,0 [71].

Aus den eingangs gemachten Darlegungen wird deutlich, daß die Theorie von ONSAGER das dielektrische Verhalten polarer Stoffe gut beschreibt aber nicht anwendbar ist auf assoziierte Flüssigkeiten und Systeme mit assoziierenden Mischkomponenten. KIRKWOOD hat der starken Wechselwirkung durch H-Brückenbindung Rechnung getragen und die nachstehend aufgeführte modifizierte Gleichung erhalten:

$$g\mu^2 = \frac{9kTM}{4\pi N_A\varrho} \frac{(\varepsilon - 1)(2\varepsilon + 1)}{9\varepsilon} - \frac{\varepsilon_\infty - 1}{\varepsilon_\infty + 2} \qquad (92)$$

Hierin entspricht ε_∞ nach der MAXWELLschen Beziehung n_∞^2 (Brechungsindex bei unendlich großer Wellenlänge); der KIRKWOOD-Faktor g hängt von der Struktur der Teilchen ab und charakterisiert indirekt Art und Einfluß der intermolekularen H-Brückenbindung. Das Dipolmoment μ ist nicht identisch mit dem Dipolmoment des isolierten Moleküls μ_g. Für kugelförmige Moleküle gilt näherungsweise:

$$\mu = \frac{n_\infty^2 + 2}{3} \cdot \mu_g \qquad (93)$$

In Abb. 33 ist für das von LISZI und NARAY [72] untersuchte System Cyclohexanol-Tetrachlormethan die Abhängigkeit des KIRKWOOD-Faktors von der Konzentration des Alkohols dargestellt.

Wie zu ersehen ist, verläuft die g-Kurve durch ein Minimum mit Werten kleiner als 1 und erreicht für den unverdünnten Alkohol einen Wert von etwa 2,3. Hieraus zogen die Autoren den Schluß, daß in den verdünnten Lösungen ($g < 1$) cyclische Assoziate (Tetramere) dominieren, während im Bereich höherer Konzentrationen ($g > 1$) vorwiegend Kettenassoziate (Polymere) vorliegen.

Wachsende Bedeutung zur Charakterisierung von Wasserstoffbrückensystemen gewinnen Untersuchungen im Frequenzbereich der dielektrischen Dispersion. Während unter der Einwirkung statischer Felder oder von Wechselfeldern niedriger Frequenz polare Molekeln in flüssiger Phase oder in einer Lösung sich der Feldrichtung anpassen und eine von der thermischen Bewegung ab-

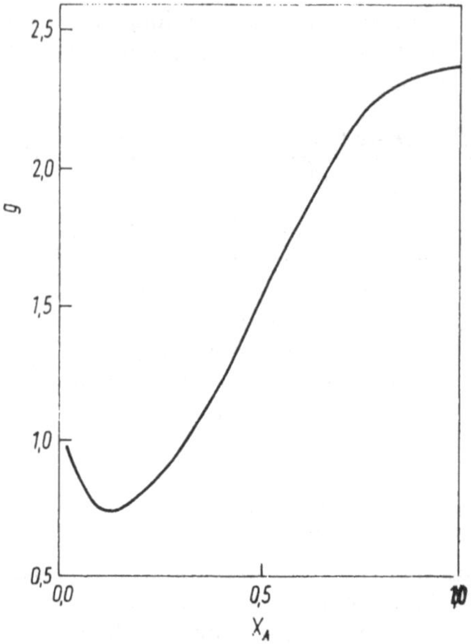

Abb. 33. KIRKWOOD-Faktor g des Systems Cyclohexanol-Tetrachlormethan als Funktion der Konzentration des Alkohols (x_A) [72]

hängige Orientierung annehmen, vermögen sie bei großen Frequenzen (Mikrowellenbereich) wegen der endlichen Einstellzeit dem Wechselfeld nicht mehr zu folgen. Es kommt zu Energieverlusten durch Absorption. Nach DEBYE gilt für die Abhängigkeit der komplexen Größe ε^* von der Frequenz die Gleichung

$$\varepsilon^* = \varepsilon_\infty + \frac{\varepsilon - \varepsilon_\infty}{1 + \omega^2\tau^2}(1 - i\omega\tau) \equiv \varepsilon' - i\varepsilon'' \qquad (94)$$

mit dem reellen und imaginären Anteil

$$\varepsilon' = \varepsilon_\infty + \frac{\varepsilon - \varepsilon_\infty}{1 + \omega^2\tau^2} \qquad \varepsilon'' = (\varepsilon - \varepsilon_\infty)\,\frac{\omega\tau}{1 + \omega^2\tau^2}$$

Hierin hat ε die ursprüngliche Bedeutung, stellt also die *DK* dar, die man im statischen Feld messen würde;

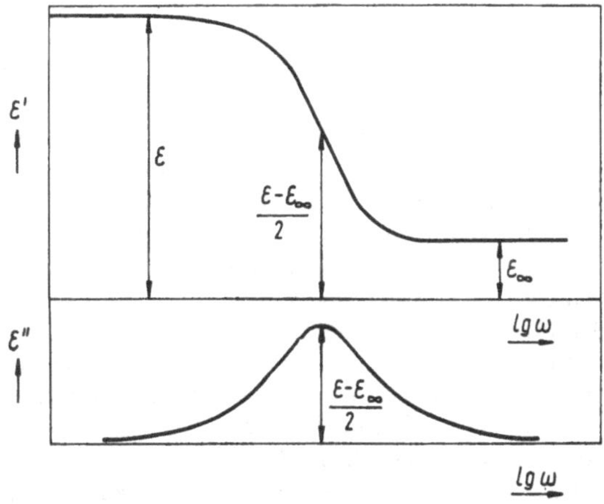

Abb. 34. Abhängigkeit der Größen ε' und ε'' von der Kreisfrequenz ω.

ε_∞ ist der Wert, der charakteristisch ist für unpolare Moleküle und entspricht der Verschiebungspolarisation, ω bedeutet die Kreisfrequenz des Feldes ($\omega = 2\pi\nu$) und τ die Relaxationszeit (Zeit innerhalb der die Orientierungspolarisation auf den e-Teil abfällt). In Abb. 34 sind die beiden Größen ε' und ε'' in Anhängigkeit von log ω dargestellt.

Die erste Funktion wird Dispersion- und die zweite Absorptionskurve genannt. Für das Absorptionsmaximum gilt

$$\frac{d\varepsilon''}{d\omega} = 0 \tag{95}$$

woraus folgt

$$\omega_{\max} = \frac{1}{\tau} \tag{96}$$

Da $\tau \sim 1/k$ (k = Geschwindigkeitskonstante 1. Ordnung) lassen sich aus der Temperaturabhängigkeit der Relaxationszeit die ARRHENIUS-Parameter des jeweils betrachteten Vorgangs ermitteln. Besonders erfolgreich ist die Methode der dielektrischen Dispersion zur Untersuchung von H-Brückensystemen im festen Zustand verwendet worden. Es konnten auf diesem Wege interessante und aufschlußreiche Erkenntnisse gewonnen werden [69]. So war es möglich zu zeigen, daß in Eisclathraten auch polare Gastmoleküle, die H-Brücken mit den H_2O-Molekülen zu bilden vermögen, in den Hohlräumen der Eisstruktur mehr oder weniger unbehindert rotieren können. Tetrahydrofuran beispielsweise ist in der Lage, sich bei 88 K im Eiskäfig schneller und vollständiger umzuorientieren als in den meisten Lösungsmitteln bei Raumtemperatur. Der Prozeß ist mit einer Aktivierungsenergie von nur 0,4 kcal · mol^{-1} verknüpft, was für eine hohe Rotationsfreiheit der THF-Moleküle spricht.

Aliphatische Alkohole bilden, wie aus spektroskopischen und dielektrischen Untersuchungen hervorgeht, in flüssigem unverdünnten Zustand hauptsächlich kettenförmige Assoziate. Charakteristische Unterschiede bestehen aber offenbar im strukturellen Aufbau kristalliner primärer und sekundärer Alkohole. Aus der Temperaturabhängigkeit der dielektrischen Absorption ergaben sich die zugehörigen Aktivierungsenergien zu 15 bzw. 6 kcal · mol^{-1}. Die erhebliche Differenz läßt vermuten, daß im Fall der primären Alkohole beim Übergang von der flüssigen in die kristalline Phase die Assoziatketten sich so aneinander lagern, wie nachstehendes Schema

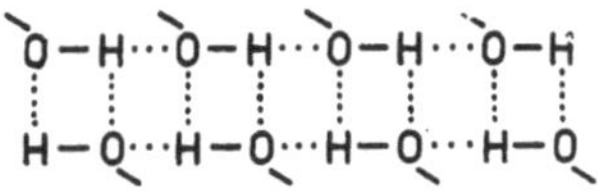

vermittelt. Danach würden die Sauerstoffatome der OH-Gruppen als bifunktionelle Akzeptoren wirksam werden.

Auch zum Verständnis der α-Helix/Coil-Umwandlung von Polypeptidketten vermochten dielektrische Absorptionsmessungen wesentlich beizutragen. So gelang es durch Untersuchungen der dielektrischen Relaxation synthetischer Polypeptide wie z. B. Poly(γ-benzyl-L-glucamat) genauere Vorstellungen über die Helix/Coil-Umwandlung und ihre Beeinflussung durch die Art des Lösungsmittels sowie durch die vorgegebene Acidität und Temperatur zu erhalten [73]. Bemerkenswert und von allgemeinem Interesse ist die Erkenntnis, daß die Helix-Spirale auf Grund der Dipolorientierung über ein starkes, lokales elektrisches Feld verfügt und daß während der Bildung der ersten Helix-Segmente durch das entstehende Feld die Umwandlung in die Helix-Struktur begünstigt wird. Sehr wahrscheinlich verstärkt es auch den Protonenübergang in den die Helix stabilisierenden H-Brücken.

2.6. *Dynamische Eigenschaften der Wasserstoffbrücken*

Relaxationsmethoden zur Bestimmung der Bildungs- und Zerfallsgeschwindigkeiten von H-Brückensystemen

Bis Mitte der 50iger Jahre zählten die Bildung und der Zerfall von Wasserstoffbrückenassoziaten zu den unmeßbar schnellen Reaktionen. Erst die vor allem von Eigen und Mitarbeitern entwickelten „Chemischen Relaxationsverfahren" ermöglichten das Studium derartig schnell verlaufender Prozesse [74]. Durch sie sind Geschwindigkeiten bis 10^{-11} sec meßbar geworden. Wird in einem Reaktionssystem der Gleichgewichtszustand durch sprung- und impulsartige Veränderung eines äußeren Parameters, wie Druck, Temperatur oder elektrische Feldstärke gestört, so strebt es danach, durch innere Umwandlungen seinen Zustand auf dem kürzesten Weg den äußeren Bedingungen wieder anzugleichen. Dieser Vorgang, chemische Relaxation genannt, kann direkt oder indirekt beobachtet werden und ist mit einem charakteristischen Spektrum von Zeitkonstanten verknüpft, die in funktionellem Zusammenhang mit den Geschwindigkeitskonstanten der jeweiligen Umwandlungsstufen stehen. Bleibt die Störung des Gleichgewichtszustandes hinreichend klein, lassen sich sämtliche Umwandlungen durch lineare Differentialgleichungen darstellen. Eine Analyse des Zeitspektrums gibt somit zumindest prinzipiell Auskunft sowohl über die Absolutgeschwindigkeit der einzelnen Umwandlungen als auch über den inneren Mechanismus der Gesamtreaktion. Zur Untersuchung der dynamischen Eigenschaften von Wasserstoffbrückenassoziaten eignen sich besonders die stationären Relaxationsverfahren, die Methoden der Ultraschallabsorption sowie der dielektrischen Dispersion und Absorption. Die Ultraschallabsorption findet die häufigste und vielseitigste Anwendung. Sie sei deshalb kurz beschrieben.

Im günstigsten Fall, wenn nur ein einziges Assoziat im Gleichgewicht mit den Monomeren steht, also die einfache Reaktion

$$2A_1 \rightleftharpoons A_2$$

vorliegt, tritt nur eine Relaxationsabsorptionsbande in Erscheinung.

Ausgehend von der allgemeinen Theorie der Ultraschallabsorption einer derartigen Lösung, ergibt sich unter der Voraussetzung, daß die im Schallfeld auftretenden Druck- und Volumenänderungen adiabatisch erfolgen, die Gleichung

$$\mu_{ch} = C \frac{\omega\tau}{1 + \omega^2\tau^2} \tag{97}$$

Es bedeuten: μ_{ch} chemische Absorption pro Wellenlänge, ω Kreisfrequenz ($\omega = 2\pi\nu$), ν Ultraschallfrequenz und τ Relaxationszeit.

Im Maximum der Bande (Abb. 35) ist $\omega_m = 1/\tau$ und für die Maximalabsorption gilt $\mu_m = C/2$. Die Größe C hängt ab vom Lösungsmittel und von charakteristischen Eigenschaften der Reaktionspartner. Da $\mu = \alpha\lambda = \frac{\alpha v}{\nu}$ (v Geschwindigkeit und λ Wellenlänge der Ultraschallwelle), folgt

$$\frac{\alpha_{ch}}{\nu_2} = \frac{2\pi}{v} C \frac{\tau}{1 + \omega^2\tau^2} = A \frac{\tau}{1 + \omega^2\tau^2} \tag{98}$$

mit

$$A = \frac{4\pi\mu_m}{v} = \frac{2\pi C}{v}$$

Gemessen wird aber nicht nur die chemische Absorption allein, sondern auch die sog. klassische Absorption. Sie muß vom Meßwert abgetrennt werden. Liegen die Relaxationsfrequenzen der klassischen Absorption weit oberhalb der Meßfrequenzen, gilt in erster Näherung

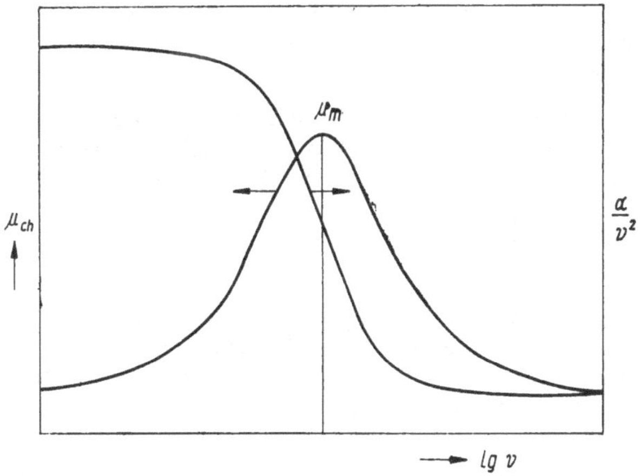

Abb. 35. Abhängigkeit der Größen μ_{ch} und α/ν^2 von der Kreisfrequenz ω

$\alpha_{kl} = B\nu^2$ und damit

$$\alpha_{\exp} = \alpha_{ch} + B\nu^2 \tag{99}$$

Durch Verknüpfung mit Gl. (98) folgt:

$$\frac{\alpha_{\exp}}{\nu^2} = A \frac{\tau}{1 + \omega^2\tau^2} + B \tag{100}$$

bzw.
$$\left(\frac{\alpha_{\exp}}{\nu^2} - B\right) = \frac{4\pi\mu_m}{v} \cdot \frac{\tau}{1 + \omega^2\tau^2} \tag{101a}$$

$$v\nu\left(\frac{\alpha_{\exp}}{\nu^2} - B\right) = 2\mu_m \frac{\omega\tau}{1 + \omega^2\tau^2} = \mu_{ch} \tag{101b}$$

Aus Messungen bei wenigstens 3 Frequenzen lassen sich mit Hilfe der Gl. (100) und (101b) die Größen A, B und τ ermitteln.

Die Bildungsgeschwindigkeit der Dimeren ist gegeben durch die Gleichung

$$\frac{dc_2}{dt} = k_a \cdot c_1{}^2 - k_d c_2 \tag{102}$$

c_1 und c_2-Konzentrationen der Monomeren und Dimeren,
k_a und k_d-Geschwindigkeitskonstanten der Assoziation und Dissoziation

Aus der Theorie der Ultraschallabsorption folgt, daß für den vorliegenden Fall die Geschwindigkeitskonstanten mit der Relaxationszeit durch die Beziehung

$$\frac{1}{\tau} = k_d + 4k_a c_{1(g)} \tag{103}$$

verknüpft sind ($c_{1(g)}$ Gleichgewichtskonzentration der Monomeren). Wird die Gleichgewichtskonstante $K = k_a/k_d$, die aus spektroskopischen Messungen leicht ermittelt werden kann, in Gl. (103) eingeführt, so ergibt sich

$$\frac{1}{\tau} = k_d + 4k_d K c_{1(g)} \tag{104}$$

Für jede Konzentration lassen sich somit aus der Gleichgewichtskonstanten und der jeweils zugehörigen Relaxationszeit die Geschwindigkeitskonstanten gewinnen. Aus deren Temperaturabhängigkeit sind schließlich die Aktivierungsenergien der Assoziation und Dissoziation zugänglich. In guter Näherung gilt weiterhin:

$$\mu_m = \varrho v^2 \pi \frac{\Gamma}{10^3 RT} \left[\Delta V^0 - \frac{\beta \Delta H^0}{\varrho c_p} \right] \tag{105}$$

Hierin sind: ϱ die Dichte der Lösung, β der thermische Ausdehnungskoeffizient des Lösungsmittels, c_p seine spezifische Wärme sowie ΔV^0 und ΔH^0 die Änderung des Standardvolumens bzw. der Standardenthalpie des Prozesses. Γ eine Funktion der Gleichgewichtsdaten ergibt sich für die Selbstassoziation zu

$$\Gamma = \frac{1}{8K} \left[\frac{1 + kc}{(1 + 8K)^{1/2}} - 1 \right] \tag{106}$$

c-Gesamtkonzentration der assoziierenden Substanz

Für Systeme mit nichtwäßrigen Lösungsmitteln ist $\Delta V^0 \ll \beta \Delta H^0 / \varrho c_p$, so daß ΔH^0 leicht aus den μ_m-Werten berechnet werden kann. Die ersten verläßlichen Ergebnisse erbrachten Maier und Mitarbeiter durch Ultraschalluntersuchung des Monomeren-Dimeren-Gleichgewichts der Benzoesäure in Tetrachlormethan [75].

In Tab. 9 sind für eine Reihe verschiedenartiger Substanzen die Geschwindigkeitskonstanten der Assoziation zu H-brückenstabilisierten Dimeren und ihrer Dissoziation zusammengestellt.

Die Zahlen lassen erkennen, daß unabhängig vom Typ der jeweiligen H-Brücke und vom Lösungsmittel alle Assoziationsgeschwindigkeitskonstanten Werte von etwa $10^9\ \mathrm{mol} \cdot l^{-1} \cdot \mathrm{sec}^{-1}$ besitzen, das sind Werte, die annähernd denen diffusionskontrollierter Prozesse entsprechen. Die Abweichungen der Zahlenwerte untereinander beruhen sowohl auf der experimentellen Unsicher-

Tabelle 9

Assoziations- und Dissoziationsgeschwindigkeitskonstanten

Substanz	Lösungsmittel	°C	$k_a \cdot 10^{-9}$ [mol · l^{-1} sec^{-1}]	$k_d \cdot 10^{-7}$ [sec^{-1}]	Literatur
Benzoesäure	Tetrachlormethan	25	5	0,073	[75]
	Toluol	25	1,6	0,37	
	Hexan	20	8,1	0,022	
	Chlorbenzol	20	5,1	0,21	[76]
	Chloroform	20	4,7	0,75	
ε-Caprolactam	Tetrachlormethan	22	5,5	4,6	[77]
	Benzol	22	6,5	26	
2-Pyridon	Dioxan	25	2,1	13	[78]
1-Cyclohexyl-uracil	Chloroform	25	1,5	25	[79]

heit als auch auf den Unterschieden in den Diffusionskoeffizienten der Substanzen, den effektiven Radien und den sterischen Faktoren. Daß der Assoziationsvorgang diffusionskontrolliert verläuft, kann auch aus der nur sehr geringen Aktivierungsenergie entnommen werden. Die Geschwindigkeitskonstanten sind von der Temperatur nahezu unabhängig.

Die Geschwindigkeitskonstanten der Dissoziation unterscheiden sich zum Teil sehr stark voneinander und sind 1 bis 3 Zehnerpotenzen kleiner als die zugehörigen Geschwindigkeitskonstanten der Assoziation. Offensichtlich hängt dies mit der Stabilität der Assoziate zusammen und ist charakteristisch für cyclische Dimere. Bei offenen Dimeren verläuft die Dissoziation ähnlich wie die Assoziation als diffusionskontrollierter Prozeß. Verläßliche Meßergebnisse liegen noch nicht vor, jedoch wird angenommen, daß die Dissoziationsgeschwindigkeitskonstanten Werte zwischen 10^{-9} und 10^{-10} sec besitzen.

Relaxationsmessungen ermöglichen nicht nur die Ermittlung der Bildungs- und Zerfallsgeschwindigkeiten von Assoziaten, sondern gewähren auch einen Einblick in den Mechanismus derartiger Vorgänge. So konnte aus Ultraschallmessungen an Lösungen von Caprolactam in

Cyclohexan in Verbindung mit bekannten Gleichgewichtsdaten gezeigt werden [80], daß, obwohl nur eine Relaxationsbande nachweisbar ist, der Assoziations- und Dissoziationsprozeß nach einem Zweistufenmechanismus abläuft und zwar im Sinne der Gleichung

$$2A \underset{k_{21}}{\overset{k_{12}}{\rightleftharpoons}} A\frown A \underset{k_{32}}{\overset{k_{23}}{\rightleftharpoons}} \overset{\frown}{\underset{\smile}{A\,A}} \tag{107}$$

Im ersten Schritt wird zunächst ein offenes Dimeres gebildet, das sehr kurzlebig ist und im zweiten Schritt sehr schnell in das cyclische Gebilde übergeht. Modellbetrachtungen führten zu dem Schluß, daß die gemessene Relaxationszeit mit dem ersten Schritt, d. h. mit der Bildung der offenen Dimeren verknüpft sein muß. Da die Konzentration der offenen Dimeren mit großer Wahrscheinlichkeit nur sehr gering ist, muß $k_{23} \gg k_{21}$ sein, und da weiterhin k_{12} und k_{21} als diffusionskontrollierte Vorgänge zumindest in grober Näherung von vergleichbarer Größe sind, folgt, daß $k_{23} > k_{32}$, d. h. daß der Ringschluß wesentlich schneller verläuft als die Ringöffnung.

Entsprechende Aussagen lassen sich über die Kinetik der Bildung und des Zerfalls von Protonentransfer-Komplexen machen. Hierbei stellt sich gleichfalls die Frage, ob der Prozeß einem Einstufen- oder Zweistufen-Mechanismus gemäß der Gleichgewichte (*a*) und (*b*) folgt.

$$A\mathrm{H} + B \rightleftharpoons A^- + \mathrm{H}B^+ \tag{a}$$

$$A\mathrm{H} + B \rightleftharpoons A\mathrm{H}\cdots B \rightleftharpoons A^- + \mathrm{H}B^+ \tag{b}$$

Relaxationsuntersuchungen mittels einer Mikrowellen-Temperatursprungmethode an Systemen des 2,4-Dinitrophenols [81] bzw. Tetrabromophenolphthaleinäthylesters [82] mit verschiedenen aliphatischen und aromatischen Aminen in Chlorbenzol ergaben Bildungsgeschwindigkeitskonstanten, deren Werte sich solchen diffusionskontrollierter Vorgänge nähern. Die Dissoziationsgeschwindigkeitskonstanten sind um etwa 5 Zehnerpotenzen kleiner. Die Aktivierungsenergie für die Komplexbildung des Tetrabromophenolphthaleinäthylesters variiert zwischen 0,5 und 3 kcal · mol^{-1} und die des Zerfalls bewegt sich zwischen 12 und 21 kcal · mol^{-1}. Eine eingehende Analyse ergab, daß die Protonentransfer-Reaktionen dem Zweistufen-Mechanismus folgen. Zunächst kommt es zur Wasserstoffbrückenbildung, worauf sich der Protonenübergang anschließt. Alle Befunde deuten darauf hin, daß die H-Brückenbildung im Sinne eines Begegnungskomplexes geschwindigkeitsbestimmend ist und der Protonenübergang relativ schnell verläuft. Die Gegenwart von Wasserstoffbrückenkomplexen, also der Begegnungskomplexe, konnte spektrophotometrisch nachgewiesen werden. In vielen Fällen ist der Protonentransfer so schnell, daß der Begegnungskomplex nur in äußerst geringen Mengen vorliegt, dann kann der Prozeß auch durch den Einstufenmechanismus dargestellt werden.

Daß die Bildungsgeschwindigkeitskonstanten merklich niedriger liegen als die nach der einfachen Theorie der Begegnungskomplexe erhältlichen, wird von Ivin und Mitarbeitern [83] darauf zurückgeführt, daß innerhalb des Begegnungskomplexes die Reaktanten rotieren und demzufolge eine gewisse Zeit der Orientierung erforderlich ist, ehe der Protonenübergang stattfinden kann.

Großes biologisches Interesse beanspruchen die Protonenübertragungsreaktionen von Aminosäuren in wäßrigen Lösungen, da sie sehr wahrscheinlich eine bedeutende Rolle bei Konformationsumwandlungen in Proteinen und Enzymen spielen. Bei pH-Werten größer als 10 läßt sich der Bruttoprozeß durch das nachstehende Reaktionsschema beschreiben.

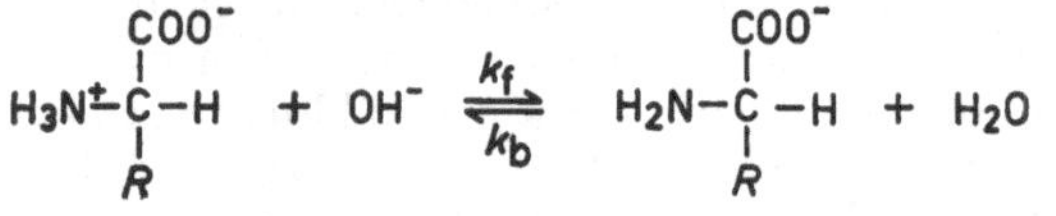

(a)

Auch wenn bei allen bisherigen Untersuchungen nur eine Relaxationszeit gefunden worden ist, kann angenommen werden, daß der Vorgang in zwei Stufen erfolgt im Sinne des Mechanismus

$$AH^+ + OH^- \underset{k_{21}}{\overset{k_{12}}{\rightleftharpoons}} AH^+\cdots OH^- \underset{k_{32}}{\overset{k_{23}}{\rightleftharpoons}} A + H_2O$$

Zunächst kommt es zur Bildung des sehr kurzlebigen Begegnungskomplexes (H-Brückenkomplexes); diesem Schritt schließt sich dann die eigentliche Protonenübertragung an. Die Bildung des Begegnungskomplexes und sein Zerfall in die Ausgangskomponenten sind diffusionskontrollierte Vorgänge. Im Vergleich zu den Anfangs- und Endprodukten ist die Konzentration des Begegnungskomplexes sehr gering. Unter Anwendung des Stationaritätsprinzips ergeben sich dann für die Bruttogeschwindigkeitskonstanten der Hin- und Rückreaktion die Beziehungen

$$k_f = \frac{k_{12} \cdot k_{23}}{k_{21} + k_{23}} \qquad k_b = \frac{k_{32} \cdot k_{21}}{k_{21} + k_{23}}$$

Da aber im allgemeinen $k_{23} \gg k_{21}$ ist, folgt

$$k_f = k_{12} \qquad k_b = k_{21} \frac{k_{32}}{k_{23}}$$

Die Hinreaktion würde also unter diesen Bedingungen diffusionskontrolliert verlaufen. In Tab. 10 sind die aus Ultraschallabsorptionsmessungen gewonnenen kinetischen Daten für einige ausgewählte Aminosäuren zusammengestellt. Wie aus den Zahlenwerten hervorgeht, liegen die Geschwindigkeitskonstanten der Hinreaktion in der Nähe solcher von Diffusionsvorgängen. Besonders deutlich wird dies durch Vergleich mit den in der vierten Spalte aufgeführten nach der Gleichung von Debye-Smoluchowski berechneten Diffusionsgeschwindigkeitskonstanten k_d. Der Quotient $k_f/k_d = \sigma$, als sterischer Faktor bezeichnet, verdeutlicht, daß für das Zustandekommen des Begegnungskomplexes die geometrischen Verhältnisse eine nicht unwesentliche Rolle spielen. Die Zahlenwerte von σ liegen zwischen 0,2 und 0,9.

Tabelle 10

Protonenübergänge von Aminosäuren in wäßriger Lösung

Aminosäure	Temp. [K]	$k_f \cdot 10^{-10}$ [$l \cdot mol^{-1} \cdot sec^{-1}$]	$k_d \cdot 10^{-10}$	σ	$k_b \cdot 10^{-5}$ [sec^{-1}]	Literatur
Glycin	293	1,4	3,6	0,39	8,4	[84]
β-Alanin	293	2,5	3,5	0,72	41,0	[84]
L-Glutaminsäure	293	0,72	3,4	0,21	8,0	[84]
L-Leucin	298	1,7	3,4	0,50	8,3	[85]
L-Lysin	293	2,6	3,4	0,76	85,0	[86]
L-Valin	298	1,4	3,4	0,41	7,3	[85]
L-Isoleucin	298	1,3	3,4	0,39	7,6	[85]
Prolin	293	1,5	3,5	0,43	60,0	[76]

In sauren Medien dominiert die Reaktion

$$H_3\overset{+}{N}-C(COO^-)(R)-H + H_3O^+ \rightleftharpoons H_3\overset{+}{N}-C(COOH)(R)-H + H_2O \qquad (b)$$

Die Abhängigkeit der chemischen Schallabsorption μ_{ch} vom pH-Wert vermittelt Abb. 36.

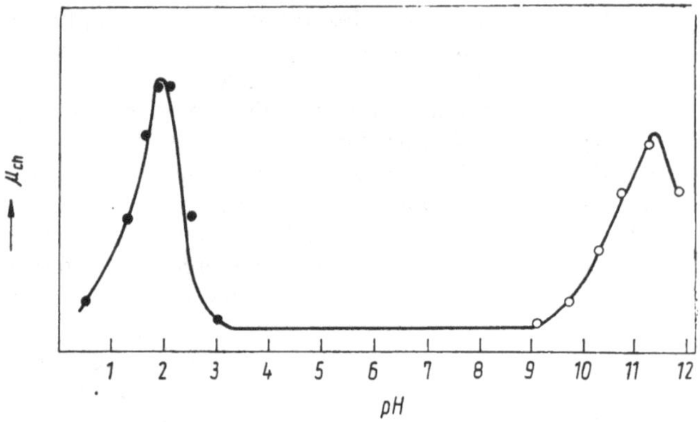

Abb. 36. Abhängigkeit der chemischen Ultraschallabsorption vom pH-Wert

Einfluß von H-Brücken auf Reaktionsgeschwindigkeiten

Obwohl die Abhängigkeit der Geschwindigkeit chemischer Reaktionen in Lösungen von der Art und Natur des Lösungsmittels Gegenstand umfassender und vielgestaltiger Untersuchungen gewesen ist, wurde die Frage nach dem Einfluß von H-Brücken, insbesondere intermolekularer H-Brücken, auf die Reaktionsgeschwindigkeit bisher unzureichend beachtet. Welche Rolle sie in reaktiven Systemen spielen können, sei an einigen Beispielen demonstriert.

Tabelle 11

Reaktion zwischen p-Nitrobenzoylchlorid und Äthanol in Cyclohexan bei 25 °C

$c_{\text{Äthanol}}$ [mol · l^{-1}]	$c_{\text{Äthanol,ass}}$ [mol · l^{-1}]	$10^3\,k$ [min^{-1}]	$10^2 k/c_{\text{Äthanol,ass}}$ [$\text{mol}^{-1} \cdot l \cdot \text{min}^{-1}$]
0,095	0,056	0,177	3,2
0,19	0,13	0,459	3,5
0,475	0,39	1,36	3,5
0,95	0,84	3,03	3,6
1,90	1,78	7,43	4,2
2,85	2,70	11,09	4,1
3,80	3,62	13,97	3,9
4,75	4,60	15,82	3,4

Hudson und Mitarbeiter [87] konnten beim Studium der Solvolyse von Säurechloriden mit Alkoholen in unterschiedlichen Lösungsmitteln zeigen, daß die Geschwindigkeitskonstanten in guter Näherung proportional der Konzentration des assoziierten Alkohols ist. In Tab. 11 ist die Abhängigkeit der pseudomonomolekularen Geschwindigkeitskonstanten der Äthanolyse des p-Nitrobenzoylchlorids in Cyclohexan veranschaulicht. Aus den Zahlen ist zu ersehen, daß die Geschwindigkeitskonstante nahezu linear mit fallender Konzentration des assoziierten Alkoholanteils abnimmt. Somit sind offensichtlich nicht die monomeren Alkoholmoleküle, sondern ihre Assoziate die reaktiven Partner. Werden bei gleichbleibender Alkoholkonzentration dem System polare Zusatzkomponenten hinzugefügt, so wird die Reaktionsgeschwindigkeitskonstante infolge der Zurückdrängung der Assoziation erniedrigt.

Es ist bekannt, daß die Geschwindigkeit der unkatalysierten Urethanbildung aus Isocyanaten und Alkoholen ganz entscheidend durch das jeweilige Reaktionsmedium bestimmt wird. So verläuft die Reaktion zwischen Phenylisocyanat und n-Butanol unter vergleichbaren Bedingungen in Heptan mehrere hundertmal schneller ab als in Dioxan. OBERTH und BRUENNER [88] haben diese Reaktion sehr gründlich untersucht und gefunden, daß auch hier die Geschwindigkeit von der Konzentration des assoziierten Butanolanteils abhängt. Als Ursache für die hohe Reaktivität wird die Polarisation der O—H-Bindung im Assoziat angesehen. Mit Hilfe einer vereinfachten Modellbetrachtung über die Gleichgewichtsverhältnisse zwischen den osmotisch wirksamen Partnern (Komplexe des Alkohols mit dem Isocyanat, dem Urethan, den polaren Mischkomponenten und den Eigenassoziaten des Alkohols) gelang es, die Abhängigkeit der relativen Geschwindigkeitskonstanten von der Konzentration der polaren Komponente in guter Übereinstimmung mit dem Experiment zu berechnen (Abb. 37).

Aliphatische Oxime sind sehr stark assoziiert und bilden nahezu ausschließlich cyclische Zweier- und Dreierassoziate über OH···N-Brücken [89]. Durch Kernresonanzuntersuchungen an Lösungen von Caprylaldoxim in Tetrachlormethan konnte gezeigt werden, daß die Assoziation nicht nur konzentrations-, sondern unter bestimmten Voraussetzungen und wenig oberhalb Zimmertemperatur auch zeitabhängig ist [90]. Verursacht wird dieses Verhalten durch die syn-anti-Isomerie und durch beträchtliche Unterschiede in der Assoziationsfähigkeit beider Isomere. Besonders empfindlich spricht hierauf das Protonensignal des H-Atoms in α-Stellung an. Wie

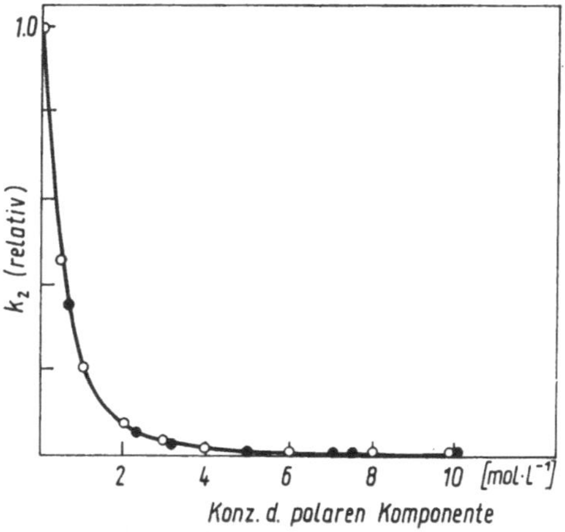

Abb. 37. Isocyanat-Reaktion mit Butanol (in Hexan);
$c_{PhNCO} = c_{BuOH} = 0{,}15 \text{ mol} \cdot l^{-1}$,
—— berechnet,
• Äthylacetat,
○ Dioxan

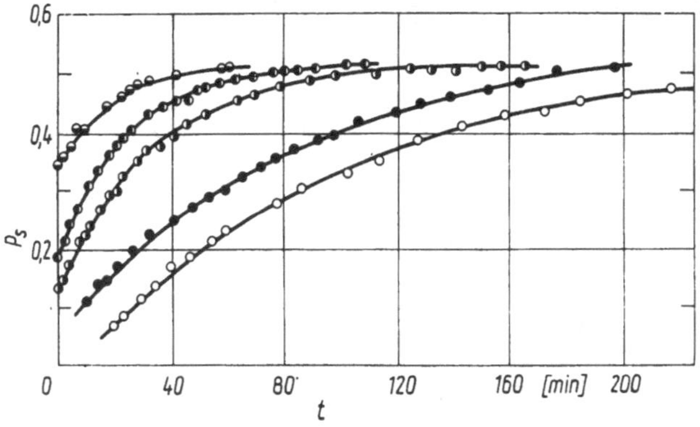

Abb. 38. Abhängigkeit der Isomerisierungsgeschwindigkeit des anti-Capryl-aldoxims von der Konzentration

x_{oxim}: ○ 0,065, • 0,0850, ◑ 0,22, ◐ 0,42, ◒ 0,62

aus Abb. 38 zu ersehen ist, hängt die Umwandlung reinen anti-Caprylaldoxims in das Gleichgewichtsgemisch beider Isomerer sehr stark von der Konzentration im Lösungsmittel ab. Auf der Ordinate ist der Anteil des entstehenden syn-Isomeren aufgetragen ($p_s = h_s/(h_s + h_a)$, h_s und h_a Peakhöhen der beiden Protonensignale). Für eine gegebene Konzentration läßt sich die Isomerisierungsgeschwindigkeit durch ein Zeitgesetz 1. Ordnung beschreiben.

$$\ln (p_{\text{eff}} - p_s) = \ln p_{\text{eff}} - k_{\text{eff}} t \tag{108}$$

mit

$$k_{\text{eff}} = k_a + k_s \quad \text{und} \quad p_{\text{eff}} = p_s \, (t = \infty)$$

In welcher Weise die effektive Geschwindigkeitskonstante k_{eff} von der Konzentration abhängt, vermitteln die Zahlenwerte der Tab. 12. Aus ihrer Temperaturabhängigkeit ergibt sich die Aktivierungsenergie im Mittel zu 16,5 kcal. Für verätherte Oxime liegt sie um etwa 10 kcal höher. Die Differenz entspricht etwa der Assoziationsenthalpie.

Mit Hilfe des nachstehend wiedergegebenen Modells gelang es, durch eine Näherungsbetrachtung die experi-

Tabelle 12

Effektive Bildungsgeschwindigkeit k_{eff} der syn-anti-Isomerisierung des Caprylaldoxims in Tetrachlormethan in Abhängigkeit von Konzentration und Temperatur

(x_{oxim} = Molenbruch)

t [°C]	x_{oxim}	k_{eff} [10^{-4} sec^{-1}]
40°	0,014	0,33
	0,079	0,97
	0,149	1,30
	0,353	2,60
60°	0,044	2,7
	0,108	5,4
	0,245	10,3
	0,839	22,2

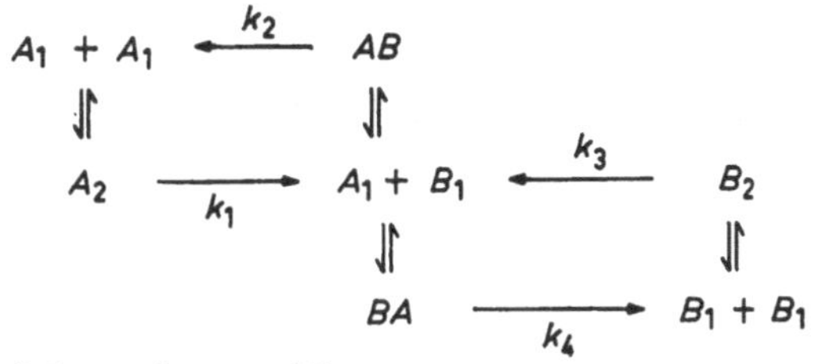

A und B-syn- bzw. anti-Isomeres,
A_1 und B_1-Monomere,
A_2, B_2, AB, BA-dimere Assoziate

mentell gewonnene Geschwindigkeitsgleichung abzuleiten und die Vorstellung zu erhärten, daß die Isomerisierung über Assoziate als Stoßkomplexe erfolgt und ihr ein Umklappmechanismus zugrunde liegt. Die Größen k_{eff} und p_{eff} ergeben sich zu:

$$k_{eff} = k_a + k_s = \vec{k}\,\frac{[A_2] + [BA]}{[A]} + \overleftarrow{k}\,\frac{[B_2] + [AB]}{[B]} \tag{109a}$$

$$(\vec{k} = k_1 \sim k_4, \qquad \overleftarrow{k} = k_2 \sim k_3)$$

$$p_{eff} = \frac{1}{1 + \frac{k_a}{k_s}} \tag{109b}$$

3. Theorie der Wasserstoffbrücken

3.1. Elektrostatisches Modell

Der erste erfolgreiche Schritt zur theoretischen Deutung der Zweibindigkeit des Protons in der Wasserstoffbrücke erfolgte durch BERNAL und FOWLER [91] auf der Basis eines von PAULING vorgeschlagenen elektrostatischen Modells. Unter der Annahme, daß die Wasserstoffbrückenenergie sich als Summe der Coulombwechselwirkungen zwischen den Punktladungen benachbarter Moleküle ergibt, berechneten sie für die molare H-

Brückenenergie assoziierten Wassers in Übereinstimmung mit der Erfahrung einen Wert von etwa 5—56 kcal. Durch Berücksichtigung der Orbitaleigenschaften des Sauerstoffatoms vermochten LENNARD-JONES und POPLE [92] das elektrostatische Modell zu verbessern und zu zeigen, daß zum Gesamtdipolmoment des Wassers die einsamen Elektronen des Sauerstoffatoms wesentlich beitragen. Dies führte schließlich zur allgemeinen Vorstellung, nach der die Wasserstoffbrückenbindung als Wechselwirkung zwischen einer Protonendonatorgruppe und einsamen Elektronenpaaren anzusehen ist. Mit diesem Modell gelang es, eine ganze Reihe charakteristischer Eigenschaften zu beschreiben, z. B. die Veränderung der Kraftkonstanten in der Protonenbindung des Donators als Folge der Wasserstoffbrückenbildung. Jedoch wurden bald auch seine Schwächen sichtbar. So vermag das elektrostatische Modell nicht, die beträchtliche Zunahme der Valenzschwingungsintensität des Protonendonators in den Wasserstoffbrücken zu erklären, auch nicht im Kernresonanzspektrum die Verlagerung der chemischen Verschiebung des brückengebundenen Protons in Richtung zu tieferem Feld. Weiterhin läßt es die Frage offen, warum das Proton und das Akzeptoratom in der Brücke in vielen Fällen einen geringeren Abstand haben, als der Summe der VAN DER WAALS-Radien entspricht. Aus heutiger Sicht kann das sehr vereinfachte elektrostatische Modell dem Wesen der H-Brückenbindung nicht gerecht werden, da es vom Ladungszustand der ungestörten Donatorgruppe und des Akzeptoratoms ausgeht und nicht berücksichtigt, daß bei der Bildung der H-Brücke Ladungsübergänge und Abstoßungskräfte wirksam werden.

3.2. Quantenchemische Modelle

Einen entscheidenden Fortschritt in der theoretischen Deutung der Wasserstoffbrückenbindung erzielten COULSON [93] und SOKOLOV [94]. Von den nachstehend aufgeführten möglichen Grenzstrukturen legte Coulson seinem ursprünglichen Modell die Strukturen a), b) und d) zugrunde.

Grenzstrukturen der H-Brückenbindung

a) $A{-}H \quad B$ Kovalente A—H-Bindung
b) $A^- \quad H^+ \quad B$ Ionische Bindung (kein Charge-transfer)
c) $A^+ \quad H^- \quad B$ Ionische Bindung (kein Charge-transfer)
d) $A^- \quad H{-}B^+$ Kovalente H—B-Bindung (Charge-transfer)
e) $A \quad H^- \quad B^+$ Kovalente A—B-Bindung (Charge-transfer)

Berechnungen zusammen mit Danielson [95] führten für die Wasserstoffbrückenbindung in Eis zu den in Tab. 13 aufgeführten Teilbeträgen.

Tabelle 13

Berechnete Energiebeiträge der Wasserstoffbrückenbindung in Eis

Elektrostatischer (Coulomb-) Anteil	−6,0 kcal · mol^{-1}
Delokalisierungsanteil (Charge-transfer)	−8,0 kcal · mol^{-1}
Abstoßung durch Überlappung	+8,4 kcal · mol^{-1}
Anteil aus Dispersionskräften	−3,0 kcal · mol^{-1}
Gesamtenergie	−8,6 kcal · mol^{-1}
aus experimentell bestimmter Sublimationswärme	−6,1 kcal · mol^{-1}

Die Natur der Wasserstoffbrückenbindung ist auch heute noch nicht restlos geklärt, sie kann letztlich nur quantenmechanisch verstanden werden. Das eigentliche Ziel derartiger Berechnungen ist die Ermittlung der Potentialhyperfläche, mit deren Hilfe die Gleichgewichtskonfigurationen und die Schwingungseigenschaften des Systems zugänglich sind. In allerjüngster Zeit erzielten quantenmechanische Rechenverfahren beachtliche Erfolge. Sie beruhen auf der Anwendung entweder der *VB*-(Valence Bond-) oder der *MO*-(Molecular Orbital-)Methoden. Beide zeigen Vor- und Nachteile. Letztere gewinnen jedoch mehr und mehr an Übergewicht, einmal, weil sie für alle H-Brückensysteme erfolgreich benutzt werden können und zum anderen, weil sie bei nicht empirischen Berechnungen (ab-initio) mathematisch viel einfacher und mittels Computer leichter zu handhaben sind. Der Grund hierfür liegt darin, daß die *VB*-Methoden Einelektronenfunktionen verwenden, die einander nicht orthogonal sind und daher für genaue Berechnungen Vielelektronenaustauscheffekte berücksichtigen müssen. Sie haben aber den besonderen Vorteil, daß die Gesamtenergie viel leichter als bei den MO-Methoden in physika-

Tabelle 14

Teilbeiträge zur H-Brückenenergie (kcal · mol^{-1}) in Abhängigkeit vom H···*B*-Abstand (k = 0,7)

$r_{H\cdots B}$[Å]	1,59	1,85	2,12	2,38	2,65
S_{ab}	0,20	0,13	0,09	0,06	0,04
E_{coul}	−12,67	−5,30	−2,21	−1,01	−0,50
E_{ex}	+10,73	+4,32	+1,70	+0,60	+0,19
E_{ind}	− 2,62	−1,70	−1,01	−0,60	−0,41
E_{disp}	− 2,90	−1,70	−1,01	−0,60	−0,41
E_{ct}	− 5,95	−1,61	−0,31	0	0
E_{total}	−13,40	−5,99	−2,84	−1,61	−1,13

lisch sinnvolle Anteile aufgeteilt werden kann. Eine leistungsfähige Rechenmethode auf VB-Basis entwickelten Murrell und Mitarbeiter [96]. Sie benutzten die Molekülorbitale der Bindungspartner des H-Brückensystems und berechneten die Wechselwirkungsenergie mit Hilfe einer störungstheoretischen Näherung. Das Verfahren setzt geringe Überlappung voraus und gestattet nur, die Wechselwirkungsenergie für schwache bis mäßig starke *A*—H···B-Brücken befriedigend zu ermitteln. In Tab. 14 sind einige Ergebnisse von Modellrechnungen zusammengestellt [97]. Sie lassen den Einfluß des H···*B*-Abstandes auf die einzelnen Energieanteile gut sichtbar werden (der Faktor k in der bindenden Orbitalfunktion charakterisiert die Polarität der Bindung *A*—H; S_{ab}, das Überlappungsintegral, gibt die Stärke der Überlappung zwischen dem bindenden Molekülorbital der Donatorgruppe und dem Orbital des Akzeptoratoms wieder). Es bedeuten E_{coul} Coulomb-Energie, E_{ex} Austauschenergie (Abstoßung der Elektronenhüllen), E_{ind} Induktionsenergie, E_{disp} Dispersionsenergie und E_{ct} Charge-transfer-Energie. Wie zu ersehen ist, stellt die COULOMB-Energie den größten Anziehungsterm dar; er läßt sich nicht adäquat durch die klassische Dipol-Dipol-Näherung beschreiben. Sie ist auch noch bei geringer Polarität der A—H-Bin-

Tabelle 15

Teilbeträge zur H-Brückenenergie (kcal · mol^{-1}) in Abhängigkeit vom Hybridcharakter des Orbitals der einsamen Elektronen (k = 0,8; H···B-Abstand 2,12 Å)

	$sp^{0,5}$	sp	sp^2
S_{ab}	0,093	0,095	0,093
E_{coul}	−0,58	0,64	−0,70
E_{ex}	+2,27	+2,16	+1,94
E_{ind}	−0,80	−0,99	−0,98
E_{ct}	−0,18	−0,23	0,30
E_{disp}	−0,98	−0,98	−0,98
E_{total}	−0,27	−0,68	−1,02

dung beträchtlich. Der Charge-transfer-Anteil spielt eine bedeutende Rolle in mittelstarken und sehr starken Wasserstoffbrücken, nicht aber in schwachen Brücken. In welcher Weise die Wasserstoffbrückenenergie von der Hybridisierung des Orbitals des einsamen Elektronenpaares von B beeinflußt wird, veranschaulichen die in Tab. 15 aufgeführten Zahlen [98]. Hieraus geht hervor, daß die COULOMB-, Austausch- und Charge-transfer-Anteile umso stärker erhöht werden, je niedriger der s-Charakter des einsamen Elektronenpaares ist. Dieser Befund steht in Einklang mit der experimentellen Erfahrung und so wird verständlich, warum z. B. die Aminogruppe ein besserer Akzeptor ist als die Nitrilgruppe.

Als sehr erfolgreich erwiesen sich Berechnungen, die KOLLMAN und ALLEN [99] mit Hilfe der *LCAO-MO-SCF*-Methode durchführten. Sie ermöglichten die Aufteilung der Wechselwirkungsenergie in einen elektrostatischen und einen Delokalisierungsbeitrag. Auch die Elektronenkorrelation konnte abgeschätzt werden. In Tab. 16 sind die auf diesem Wege ermittelten Zahlenwerte für Dimere des Wassers aufgeführt und mit entsprechenden durch die Störungstheorie erhaltenen verglichen. Die Übereinstimmung ist befriedigend.

Merkliche Unterschiede zeigen sich nur im elektrostatischen Anteil. Er ist bei der Störungstheorie niedriger, vor allem bei geringem $A \cdots B$-Abstand, d. h. bei großer Überlappung. Da sich bei den *LCAO-MO*-Methoden die zwischenmolekularen Wechselwirkungsenergien stets als kleine Differenzen großer Zahlenwerte ergeben, erfordern die Rechnungen hohe numerische Genauigkeiten. Einige durch Ab-initio-Rechnungen ermittelte Daten des dimeren Wassers sind in Tab. 17 experimentell gewonnenen gegenübergestellt. Verläßliche Ab-initio-Rechnungen setzen große Basissätze voraus, was mit einem hohen Rechenaufwand verbunden ist. Sie werden wohl vorerst auf Brückensysteme mit kleinen Bindungspartnern beschränkt bleiben. Es wurde deshalb verschiedentlich geprüft, ob und mit welchem Erfolg semiempirische Verfahren die Berechnung von Wasserstoffbrückenenergien gestatten. Von allen gebräuchlichen führte die *CNDO*/2-Methode zu den besten Ergebnissen [102]. Ihre Leistungsfähigkeit veranschaulichen die in Tab. 18 aufgeführten Zahlenwerte.

Tabelle 16

Quantenmechanische Berechnungen der Wasserstoffbrückenbindungsenergie des linearen dimeren H_2O-Assoziates in kcal · mol^{-1} [100]

Methode	r_{OO}	Elektrost.			Delokal.	Koordinat.	Gesamt
	[Å]	E_{coul}	E_{ex}	Σ	$E_{pol} + E_{ct}$	E_{disp}	E
Störungstheorie [101]	2,91	−12,0	+13,1	+1,1	−2,9	−1,7	−3,4
	3,18	− 7,2	+ 5,0	−2,2	−1,1	−1,0	−4,3
LCAO-MO-SCF [99]	2,8			−4,5	−3,1		
	3,0			−5,5	−1,7	−1,5	−8,7
	3,2			−5,3	−1,1		

Tabelle 17

Berechnete und experimentelle Eigenschaften des dimeren H_2O-Assoziats [100]

	Ab-initio		experimentell	
	Monomer	Dimer	Monomer	Dimer
r_{OH}[Å]	0,944	0,948	0,957	
∢ HOH	105,30		104,50	
r_{OO} [Å]		3,0		2,82 (fl)
ΔE [kcal · mol^{-1}]		4,83		5,0
μ [D]	2,21	4,29	1,83	
f_{OH} [10^5 dyn · cm^{-1}]	12,45	9,96	8,45	
f_{OO} [10^5 dyn · cm^{-1}]		0,18		0,17 – 0,19 (f)

Tabelle 18

Ab-initio- und CNDO/2-Rechnungen an H-Brückensystemen [100]

		Ab-initio		CNDO/2	
Donator	Akzeptor	ΔE [kcal · mol^{-1}]	r_{AB} [Å]	ΔE [kcal · mol^{-1}]	r_{AB} [Å]
NH_3	HF	1,27	3,45	1,50	2,75
HF	NH_3	11,7	2,75	13,08	2,47
NH_3	H_2O	2,33	3,35	4,5	2,69
H_2O	NH_3	6,28	3,07	10,51	2,64
NH_3	NH_3	2,71	3,49	5,8	2,74
H_2O	HF	3,0	3,08	3,38	2,55
HF	H_2O	9,4	2,72	10,7	2,41
H_2O	H_2CO	3,42	2,87	7,2	2,55
H_2O	H_2O	4,83	3,00	5,94	2,53
HF	HF	4,5	2,85	6,58	2,42
$HCONH_2$	$HCONH_2$	14	2,94	11,7	2,94

Die Übereinstimmung mit Werten aus Ab-initio-Rechnungen ist befriedigend. Größere Abweichungen ergeben sich für Systeme mit starken H-Brücken; insbesondere die Bindungsenergien liegen z. T. sehr viel höher.

Aus den Ergebnissen quantentheoretischer Untersuchungen geht eindeutig hervor, daß im Fall schwacher H-Brücken der elektrostatische Effekt den überwiegenden Anteil zur Brückenbindungsenergie beiträgt. Bei mittelstarken bis sehr starken Wasserstoffbrücken gewinnt der Charge-transfer-Anteil beträchtlich an Bedeutung. Er ist in hohem Maße verantwortlich für die spezifischen Merkmale solcher Brücken.

Diese Erkenntnis hat dazu angeregt, die Eigenschaften der Wasserstoffbrücken auf der Basis der Charge-transfer-Theorie von MULLIKEN zu beschreiben und H-Brückensysteme als Spezialfall eines Charge-transfer-Komplexes zu betrachten. Formale Ähnlichkeiten, wie sie aus dem nachstehenden schematischen Vergleich ersichtlich sind, legen diese Vermutung nahe. Bemühungen in diese Richtung gehen auf Untersuchungen vor allem von

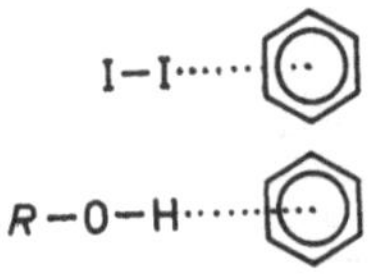

HANNA, sowie von RATAJCZAK und ORVILLE-THOMAS [103] zurück. Der Theorie zugrunde liegt für den Grundzustand des Komplexes die Wellenfunktion

$$\psi_i = a(A\text{—H}\cdots B) + b(A\text{—H}^-\cdots B^+) \qquad (110)$$

Der erste Term charakterisiert alle klassischen intermolekularen Wechselwirkungen zwischen Donator und Akzeptor, der zweite den Charge-transfer-Anteil. Es gelang, relativ einfache Beziehungen zwischen der Dipolmomentänderung und dem Ionisierungspotential des Donators bzw. der Bildungsenthalpie des H-Brückensystems zu erhalten. Die Frage, ob und wann ein H-Brückensystem als ein Charge-transfer-Komplex angesehen werden kann, hat viele Diskussionen ausgelöst. Bestechend ist, daß mit dem Charge-transfer-Modell die nichtklassischen Anteile der Bindungsenergie durch den Ladungsübergang vom Protonenakzeptor zum Protonendonator plausibel erklärt werden kann. Gegen die allgemeine Anwendbarkeit des Charge-transfer-Modells, vor allem im Fall starker H-Brückensysteme, sprechen aber gewichtige Gründe. Wohl der wichtigste ist der, daß die meisten Wasserstoffbrücken keinen Anhaltspunkt für das Auftreten von Charge-transfer-(*CT*-)Banden geben. Auch die nur in engen Grenzen bestehenden Korrelationen zwischen dem Ionisierungspotential der Base und der Gleichgewichtskonstanten bzw. der Bildungsenthalpie des Komplexes sprechen dagegen. Ferner läßt sich die Zunahme des Dipolmomentes des Komplexes sowie die Erhöhung der Bandenintensität der Donatorvalenzschwingung durch die H-Brückenbindung nicht allein mit Hilfe des Charge-transfer-Modells erklären.

Ein überzeugendes Beispiel gegen die allgemeine Anwendbarkeit des Charge-transfer-Modells auf Wasserstoffbrücken-Systeme erbrachte Clementi durch das Studium des $NH_3 \cdots HCl$-Systems [104]. Nach Kollman und Allen sollten nur solche H-Brückensysteme mit dem Charge-transfer-Modell behandelt werden, die durch ausgeprägte CT-Banden gekennzeichnet sind. Diese Ansicht wird der Leistungsfähigkeit des Charge-transfer-Modells aber nicht gerecht.

Beachtung verdienen starke H-Brückenbindungen mit partiellem oder völligem Protonentransfer im Sinne des tautomeren Gleichgewichtes $A{-}H \cdots B \rightleftharpoons A^{-} \cdots H{-}B^{+}$. Bei biologischen Reaktionsabläufen spielen sie eine nicht unwesentliche Rolle. Charakteristisch für viele H-Brücken dieser Art sind Potentialkurven mit zwei durch eine Energiebarriere getrennte Minima (Abb. 39). Im allgemeinen sind sie unsymmetrisch, können aber auch symmetrisch sein. Starke H-Brücken mit extrem kurzen Abständen zwischen den Bindungspartnern sind durch unsymmetrische Potentialkurven mit nur einem Minimum gekennzeichnet. Der Übergang vom H-Brückenkomplex zum Protonen-transfer-Komplex äußert sich deutlich in der Infrarotabsorption. Es sollte neben der Valenzschwingungsbande der brückengebundenen OH-Gruppe auch die Bande der $H{-}B^{+}$-Valenzschwingung erscheinen. Ein einhelliger Nachweis gelingt jedoch nicht immer. Außerdem ist es schwer, Systeme zu finden, in denen nur ein einziges definiertes Assoziat mit Protonenübergang vorliegt. Im allgemeinen handelt es sich um Assoziatgemische. Selbst wenn nur 1:1-Komplexe gebildet werden, kann

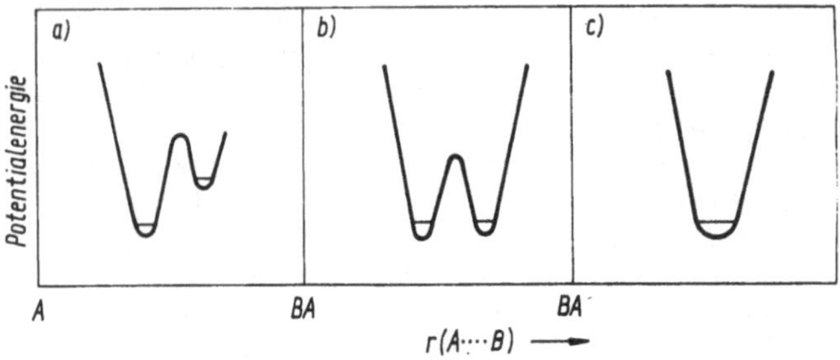

Abb. 39. Protonenzustände in Wasserstoffbrückenbindungen
a) Potentialkurve mit zwei Minima (unsymmetrisch),
b) Potentialkurve mit zwei Minima (symmetrisch),
c) Potentialkurve mit einem breiten Minimum (extrem kurze H-Brücken)

es sich um Gemische handeln, wenn der Akzeptor bifunktionelle Eigenschaften besitzt, z. B. über n- und π-Elektronen verfügt. Der Protonenübergang hängt entscheidend von der Beweglichkeit des H-Atoms der Donatorgruppe, d. h. von deren Acidität ab und kann nach zwei Mechanismen erfolgen, auf dem Wege über die Energiebarriere oder durch Tunneln. Bei extrem schnellen Reaktionen ist das Tunneln des Protons sehr wahrscheinlich.

Durch die H-Brückenbildung wird nicht nur die Frequenz der A—H-Valenzschwingung, sondern auch sehr empfindlich deren Intensität beeinflußt. So konnten VAN THIEL und Mitarbeiter [22] durch Intensitätsmessungen an der OH-Valenzschwingung hochverdünnten Wassers in fester Stickstoffmatrix bei 20 K für das lineare Dimere eine Intensitätserhöhung um den Faktor 12 nachweisen. Da die IR-Intensität näherungsweise dem Quadrat der Abstandsänderung des Dipolmomentes proportional ist $\left(A \sim (d\mu/dr)^2\right)$, folgt:

$$\frac{(d\mu/dr)^2_{\text{dimer}}}{(d\mu/dr)^2_{\text{monomer}}} \sim 12$$

Quantenchemische Rechnungen mittels einer Hartree-Fock-Näherung führten für zwei unterschiedliche O···O-Abstände zu Intensitätsverhältnissen von 8 bzw. 20 [105]. Aus Experiment und Rechnung folgt, daß im dimeren Wasser die Abstandsabhängigkeit des Dipolmomentes beträchtlicher als im monomeren ist.

3.3. Semiempirische Methoden

Es hat nicht an Versuchen gefehlt, in klassischer Weise halbempirische Beziehungen zur Beschreibung der Potentialkurve von H-Brücken abzuleiten. Als recht erfolgreich erwies sich der Weg von LIPPINCOTT und SCHROEDER [106]. Das Potential wird als Summe von 4 Einzeltermen dargestellt:

$$V = V_1 + V_2 + V_3 + V_4$$

V_1 ist das kovalente Potential der A—H-Bindung, V_2 das entsprechende der H···B-Bindung, V_3 bedeutet das van der Waalssche Abstoßungspotential und V_4 das elektrostatische Anziehungspotential.

Für lineare Wasserstoffbrücken ergab sich die nachstehend aufgeführte Gleichung

$$V = D_0(1 - e^{-\alpha}) - D_0{}^*e^{-\beta} + A\left[e^{-bR} - \left(\frac{R_0}{2R}\right)^m e^{-bR_0}\right]$$

mit

$$\alpha = \frac{n(r - r_0)^2}{2r} \qquad (111)$$

$$\beta = \frac{n^*(r^* - r_0{}^*)^2}{2r^*}$$

$$A = \frac{\frac{D_0^* n^*}{2}\left[1 - \left(\frac{r_0^*}{r^*}\right)^2\right] e^{-\beta}}{\left(b - \frac{1}{2R_0}\right) e^{-bR_0}}$$

(D_0, D_0^*-Dissoziationsenergien, n, n^*-Parameter der Ionisationspotentiale, r, r^*-Bindungsabstände, $R = r + r^*$, b, m-Parameter)

Diese Potentialfunktion ermöglichte für viele Fälle in guter Übereinstimmung mit dem Experiment die O—H-Abstände und die O—H-Valenzschwingungen als Funktion des O···O-Abstandes zu berechnen. Mittels eines leicht modifizierten LIPPINCOTT-SCHROEDER-Potentials, das die Symmetrie der Wasserstoffbrücken, d. h. die Ladungsverteilung berücksichtigt, vermochte REID Potentialflächen für die gleichzeitige Bewegung der H- und O-Atome in Wasserstoffbrücken zu erhalten [107]. Anhand der gewonnenen Potentialkurven ließen sich Infrarotspektren deuten.

3.4. Stereochemie der H-Brückenbindung

Von großer Bedeutung für Systeme mit H-Brücken ist deren stereochemisches Verhalten. Schon lange weiß man, daß eine H-Brücke immer dann am stabilsten ist, wenn die drei Brückenatome linear angeordnet sind. Bereits PAULING gab für O—H···O-Brücken eine empirische Beziehung an, die gestattet, die Spannungsenergie E abzuschätzen [108]. Bezeichnet γ den Winkel, um den die Brückenbindung von der Linearität abweicht, so gilt

$$E = 0{,}003\,\gamma^2 \quad (\text{kcal} \cdot \text{mol}^{-1}) \qquad (112)$$

Diese Beziehung kann sinnvoll auch zumindest für qualitative Betrachtungen auf andere ähnliche Brücken übertragen werden. Das sei an einem Beispiel gezeigt. Aus schwingungsanalytischen und quantenchemischen Untersuchungen ergab sich für das cyclisch dimerisierte

Acetonoxim die Abweichung von der idealen linearen O—H···N-Brücke zu 26° [109]. Die infrarotspektroskopisch ermittelte molare Assoziationsenthalpie der cyclisch assoziierten Trimeren, in der die O—H···N-Brücke praktisch linear ist, beträgt etwa 16,5 kcal. Auf eine Bindung entfallen somit 5,5 kcal. Mit dem Winkel $\gamma = 26°$ ergibt sich die Spannungsenergie zu 2,0 kcal. Hiermit errechnet sich die H-Brückenbindungsenergie der Dimeren zu 3,5 kcal · mol^{-1}. Der infrarotspektroskopisch gewonnene Wert liegt bei etwa 4 kcal · mol^{-1}. Einen ersten quantentheoretischen Beitrag über die Abhängigkeit der Wasserstoffbrückenbindung von der Hybridisierung der einsamen Elektronen des Akzeptoratoms und damit vom Winkel γ hat SCHNEIDER geliefert [110]. Eine auf experimentellen Daten beruhende vergleichende Betrachtung durch LUCK [111] führte zu einer empirischen Potentialkurve, die die Abhängigkeit des Quotienten $\Delta H_\gamma/\Delta H_{\gamma=0}$ vom Winkel γ darstellt (Abb. 40).

Wie SCHUSTER [112] durch CNDO/2-Rechnungen sehr überzeugend gezeigt hat, wirkt sich auch bei linearer Anordnung der Brücke die Orientierung der an ihr beteiligten Strukturgruppen mehr oder minder stark aus. Wie aus Abb. 41 zu ersehen ist, ist sie durch die Größe der Winkel ω und θ charakterisiert. Die Berechnungen ergaben, daß die Zahl der vom Akzeptoratom ausgehenden σ-Bindungen das stereochemische Verhalten der Wasserstoffbrücke maßgeblich bestimmt. Gehen vom Akzeptoratom drei σ-Bindungen aus, so ist nur in einer Richtung eine stabile H-Brücke möglich (z. B. NH_3···HF). Wenn nur zwei σ-Bindungen vom Akzeptoratom ausgehen, so ändert sich die Brückenenergie nur wenig, wenn die Abwicklung in einer Ebene senkrecht zu den beiden σ-Bindungen erfolgt (z. B. H_2O···HF). Am flexibelsten sind jene Wasserstoffbrücken, deren Akzeptoratom nur über eine σ-Bindung verfügt (z. B. C=O···HF). Diese Erkenntnisse sind besonders wichtig für das Verständnis des Verhaltens von Brücken des Typs C=O···HN, wie sie in Polypeptiden und Proteinen auftreten.

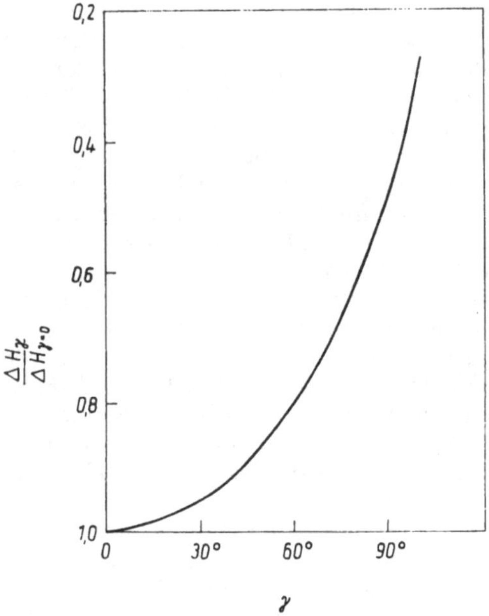

Abb. 40. Winkelabhängigkeit der H-Brückenenergie [111]

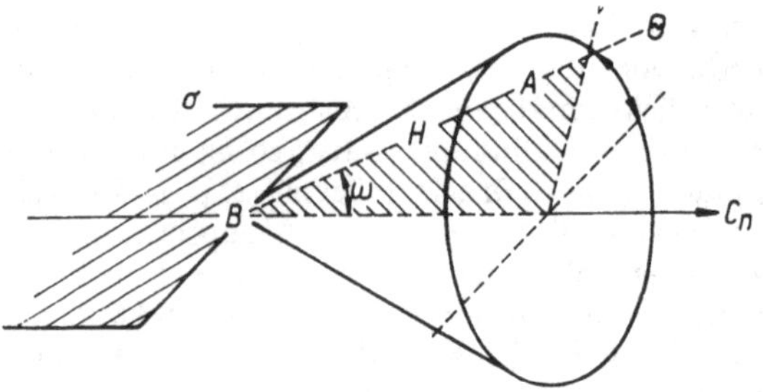

Abb. 41. Abhängigkeit der H-Brückenenergie von der Orientierung beteiligter funktioneller Gruppen [112]

(C_n = n-zählige Symmetrieachse des Akzeptormoleküls,
σ = Symmetrieebene im Akzeptormolekül, welche die größte Zahl von σ-Bindungen enthält)

4. Wasserstoffbrücken in Kristallen

Ganz entscheidend zum heutigen Bild über die Natur der H-Brückenbindung beigetragen haben Untersuchungen an kristallinen H-Brückensystemen. Röntgenbeugungsmessungen ermöglichten, den Abstand $A \cdots B$ zum Teil recht genau zu ermitteln. Die Ergebnisse erbrachten die eindeutige Erkenntnis, daß vielfach die Länge der H-Brücken geringer, z. T. beträchtlich geringer ist als die entsprechende Summe aus den van der Waalsschen Radien der Donatorgruppe und des Akzeptoratoms. In Tab. 19 sind für einige O—H- und N—H-Brücken

Tabelle 19

Beobachtete $A \cdots B$-Abstände und berechnete Summen aus den van der Waalschen Radien in Å

H-Brücke	$r(A \cdots B)$	$r_A + r_B$	$r_A + 2r_H + r_B$
O—H···O	2,72	3,04	5,44
O—H···N	2,78	3,07	5,47
N—H···N	3,07	3,10	5,50
N—H···O	2,93	3,07	5,47

die beobachteten $A \cdots B$-Abstände den Summen der VAN DER WAALSschen Radien jeweils ohne und mit Berücksichtigung des H-Radius gegenübergestellt [113]. Durch diese Befunde war ein entscheidender experimenteller Hinweis gegeben, daß das vereinfachte elektrostatische Modell der Natur der H-Brückenbindung nicht gerecht werden kann. Damit trugen sie wesentlich dazu bei, der theoretischen Problematik dieser spezifischen und gerichteten Bindungsart verstärktes Augenmerk zu schenken.

Neutronenbeugungsmessungen ermöglichten schließlich die Lage des Protons in der H-Brücke zu fixieren. Die bisherigen experimentellen Ergebnisse aus Röntgen- und Neutronenbeugungsmessungen lassen erkennen, daß zwischen A—H- und $A \cdots B$-Abstand bestimmte funktionelle Beziehungen bestehen, als deren Ursache die elektronischen Eigenschaften der Bindungspartner zu betrachten sind. In Abb. 42 ist für einige ausgewählte H-Brückentypen die aus den Ergebnissen von Näherungsbetrachtungen erhaltene Abhängigkeit des $A-$H-Abstandes vom $A\cdots B$-Abstand dargestellt [114]. Die Kurven

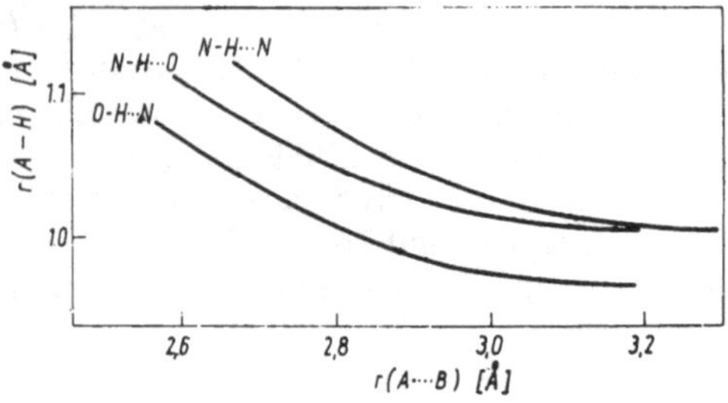

Abb. 42. Empirische Beziehung zwischen $r(A-$H) und $r(A\cdots B)$ einiger $A-$H$\cdots B$-Brücken

erlauben, unbekannte $A-$H-Abstände, zumindest grob qualitativ, abzuschätzen, wenn aus Röntgenbeugungsuntersuchungen die zugehörigen $A\cdots B$-Abstände vorliegen. Aber auch zwischen den Schwingungen der Donatorgruppe in den H-Brücken und den $A\cdots B$-Abständen bestehen eindeutige funktionelle Zusammenhänge, wie in Abb. 43 am Beispiel der Deformationsschwingung γ(O—H) aliphatischer Carbonsäuren zu ersehen ist [115]. Linearität besteht hier nur in sehr engen Grenzen. Für große Frequenz- und Abstandsbereiche ergeben sich beträchtliche Abweichungen. Bellamy und Owen gelang es, auf der Basis des Lennard-Jones-(6-12) Potentials die nachstehende einfache Beziehung zwischen der Valenzfrequenz der Donatorgruppe und der H-Brückenlänge in Kristallen abzuleiten [116].

$$\Delta\nu_s = 50\left[\left(\frac{d}{r}\right)^{12} - \left(\frac{d}{r}\right)^{6}\right] \tag{113}$$

Hierin bedeuten: d — Summe der Stoßradien der Atome A und B; r — die Wasserstoffbrückenlänge.

Gl. (113) vermag die experimentellen Befunde gut zu beschreiben. Sie bietet zugleich die Möglichkeit, H-Brückenabstände aus spektroskopischen Parametern von flüssigen Systemen abzuschätzen.

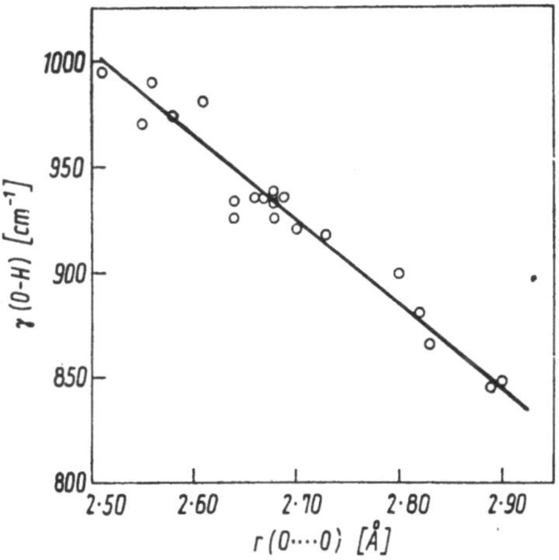

Abb. 43. Abhängigkeit der γ(O—H)-Schwingung aliphatischer Carbonsäuren von Abstand r(O···O)

Zur Klärung der Frage, ob und unter welchen Voraussetzungen es zur Ausbildung von symmetrischen H-Brücken kommt, vermochten Röntgen- und Neutronenstrahlbeugungsmessungen wesentlich beizutragen. Über eine längere Zeit war die F—H···F-Brücke — eine der stärksten überhaupt — die einzige, von der eindeutig gesichert war, daß die Abstände des Protons zu den beiden Fluoratomen gleich groß sind. Aber auch O—H···O-Brücken können symmetrisch sein. Wie aus den in Tab. 20 aufgeführten Daten einiger ausgewählter symmetrischer H-Brücken hervorgeht, besitzen sie sehr kurze $A \cdots B$-Abstände. Charakteristisch für sie sind symmetrische Potentialkurven mit nur einem Minimum.

Daß H-Brücken spezifische Eigenschaften vieler kristalliner Substanzen wesentlich mitbestimmen, ist vielfach gezeigt worden. So spielen sie eine wichtige Rolle beim

Tabelle 20

A–H– und *A* ... *B*–Abstände symmetrischer H-Brücken in Å

Verbindung	H-Brücke*	$r(A-H)$	$r(A\cdots B)$
KHF_2	F···H···F	1,13	2,26
KH-maleat	O···H···O	1,22	2,44
$HCrO_2$	O···H···O	1,26	2,49

* lineare Brückenanordnung

Aufbau von Kristallhydraten. Auch die charakteristischen Eigenschaften bestimmter, z. T. technisch wichtiger Dielektrika (soft dielectrica) sind entscheidend durch die Ausbildung von H-Brücken geprägt.

5. Systematik von H-Brückensystemen

5.1. *Thermodynamische Parameter der H-Brückenbindung*

Bildung und Zerfall der H-Brücken stellen eine Gleichgewichtsreaktion dar. Die Eigenschaften von H-Brückensystemen können deshalb nur voll verstanden oder vorausgesagt werden, wenn die thermodynamischen Größen, die dieses Gleichgewicht charakterisieren, bekannt sind. Ihre Bestimmung erfolgt in prinzipiell einfacher Weise aus der Assoziationskonstanten und ihrer Temperaturabhängigkeit (s. Kap. 2.1.6.). Die experimentellen Methoden unterscheiden sich lediglich in den für die Bestimmung der Assoziationskonstanten zugrunde gelegten Meßgrößen und dem angenommenen Assoziationsmodell. Es existiert bereits eine außerordentlich große Zahl thermodynamischer Daten für alle möglichen H-Brückensysteme. Bei ihrer Interpretation ist jedoch zu beachten, daß die verfügbaren Daten ziemlich streuen, teilweise sogar widersprüchlich sind. Die relativ hohe Schwankungsbreite der quantitativen Werte liegt hauptsächlich in den methodischen Schwierigkeiten begründet, die sich aus der Komplexizität des assoziierten Systems mit seiner Vielzahl von möglichen Wechselwirkungen ergeben.

Die Lage des Assoziationsgleichgewichtes wird durch die Änderung der Freien Enthalpie ΔG_{ass} charakterisiert. Vorzeichen und Größe von ΔG_{ass} sind entscheidend für den Wert der Assoziationskonstanten K_{ass} (Gl. (14)) und bestimmen, ob das Assoziationsgleichgewicht auf Seiten der Assoziate (negatives ΔG_{ass}, $K_{ass} > 1$) oder der Monomeren (positives ΔG_{ass}, $K_{ass} < 1$) liegt. In den meisten H-Brückengleichgewichten ist $K_{ass} < 100$, zuweilen aber auch kleiner als 1, sodaß ΔG_{ass} kleine negative oder positive Werte annimmt. Bei Temperaturerhöhung nimmt nach dem Prinzip von LE CHATELIER die Assoziationskonstante K_{ass} ab. Das ist die Folge der steigenden kinetischen Energie der Moleküle, die zum sukzessiven Aufbrechen der Assoziate führt.

Für einen isothermen Prozeß ist die Größe ΔG_{ass} mit der Assoziationsenthalpie ΔH_{ass} und der Entropieänderung ΔS_{ass} durch die thermodynamische Grundgleichung verknüpft:

$$\Delta G_{ass} = \Delta H_{ass} - T\Delta S_{ass} \tag{15}$$

Die H-Brückenbildung ist eine exotherme Reaktion, d. h. ΔH_{ass} ist stets negativ. Die Lage des Assoziationsgleichgewichtes wird aber nach Gl. (15) nicht allein durch die H-Brückenenthalpie, sondern in entscheidender Weise auch durch die Assoziationsentropie bestimmt. Das Gleichgewicht liegt auf Seiten der Assoziate (negatives ΔG_{ass}), sofern der Term $T\Delta S_{ass} < \Delta H_{ass}$ ist. Da sich bei der Bildung der H-Brückenkomplexe der Ordnungszustand des Systems erhöht, nimmt nach dem 2. Hauptsatz der Thermodynamik ΔS_{ass} negative Werte an. Die Zunahme der Ordnung durch die Assoziation kann so groß werden, daß das Entropieglied $T\Delta S_{ass}$ die Assoziationsenthalpie ΔH_{ass} überkompensiert. Dann liegt das Assoziationsgleichgewicht trotz exothermer Reaktion auf Seiten der Monomeren (vgl. Tab. 21). Die Kenntnis der Assoziationsentropie und ihre Abhängigkeit von der Assoziationsenthalpie ist somit wichtig für die Beurteilung der Lage des H-Brückengleichgewichtes und der Stabilität der H-Brücken.

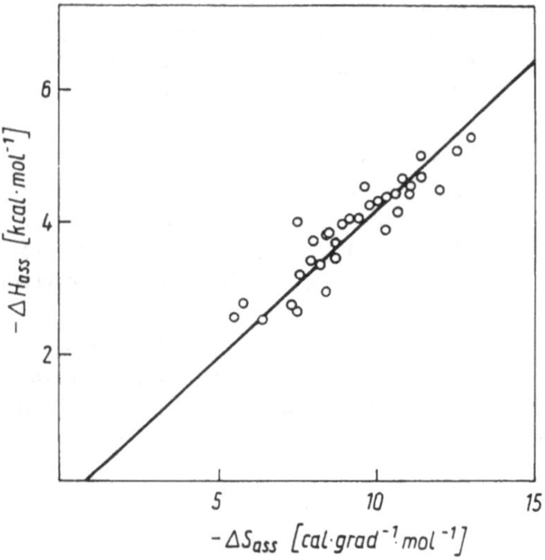

Abb. 44. Korrelation zwischen ΔH_{ass} und ΔS_{ass} für Systeme aus Phenol und unterschiedlichen Akzeptoren [117]

Ein schon früher vermuteter linearer Zusammenhang zwischen ΔH_{ass} und ΔS_{ass} konnte im Verlauf des letzten Jahrzehnts anhand eines umfangreichen experimentellen Materials eindeutig belegt werden (Abb. 44).

Qualitativ läßt sich diese Beziehung leicht verstehen. Ein hoher negativer Wert von ΔH_{ass} bedeutet stärkere Bindung und demzufolge eine höhere Ordnung, die zu einer

Entropieabnahme führt. Daß verschiedene Akzeptortypen charakteristische Unterschiede zeigen, geht aus

Tabelle 21

Thermodynamische Parameter intermolekularer H-Brückensysteme aus *IR*-Messungen bei 25 °C (Dimerisation bzw. Bildung von 1:1-Komplexen)

Typ	System	Phase	$-\Delta G_{ass}$ [kcal × mol^{-1}]	$-\Delta H^*_{ass}$	$-\Delta S_{ass}$ [cal × grad^{-1} × mol^{-1}]	Literatur
O−H···O	Methanol	gasf.	0,95	7,6	23	[118,124]
	Phenol	CCl_4		5,1		[118]
	Phenol(OD)	CCl_4		1,6		[118]
	Phenol-Aceton	CCl_4	1,5 (20 °C)	4,7	10,8	[118]
	Wasser-Dimethylformamid	CCl_4	0,88	3,20	7,78	[119]
	Ameisensäure	gasf.		7,4	18,1	[118,120]
O−H···N	Phenol-Pyridin	CCl_4	2,3 (20 °C)	6,5	14,4	[118]
	p-Cl-Phenol-Triäthylamin	CCl_4	4,0	9,5	18,9	[121]
O−H···S	Phenol-n-Butylsulfid	CCl_4	0,11	4,2	13,5	[118]
O−H···π	Phenol-Benzol	CCl_4		1,56	7,8	[118]
N−H···N	Diäthylamin	n-Hexan		1,7	2,2	[122]
	Anilin	n-Hexan	−0,54	1,69	6,8	[118]
N−H···O	ε-Aminocaprolactam	CCl_4	2,45	3,14	13	[123]
N−H···S	γ-Thiobutyrolactam	CCl_4	1,67	2,9	4,2	[118]
N−H···π	Anilin-Benzol	n-Hexan	−0,77	1,64	8,1	[118]
S−H···S	Thiophenol	CCl_4		2,2		[31]
S−H···N	Thiophenol-Pyridin	CCl_4	−0,39	2,4	9,4	[118] (NMR)
C−H···N	Chloroform-Diäthyläther	CCl_4		3,3		[125]

*) Enthalpie pro H-Brücke

den nachstehend wiedergegebenen Gleichungen hervor [117]:

Phenol—Äther	$\Delta S_{ass} = 1{,}86\,\Delta H_{ass} - 3{,}81$
Phenol—Aldehyde	$\Delta S_{ass} = 3{,}10\,\Delta H_{ass} + 1{,}43$
Phenol—Ketone u. Ester	$\Delta S_{ass} = 2{,}18\,\Delta H_{ass} - 0{,}82$
Phenol—Amine	$\Delta S_{ass} = 2{,}25\,\Delta H_{ass} + 0{,}59$
Phenol—Amide	$\Delta S_{ass} = 2{,}36\,\Delta H_{ass} + 3{,}21$

Die unterschiedliche Abhängigkeit zwischen beiden Größen hat Auswirkungen auf die Assoziationskonstanten. Für eine angenommene H-Brückenenthalpie von $\Delta H_{ass} = -5$ kcal · mol^{-1} variiert die erwartete Assoziationsentropie von -14 cal · grad^{-1} · mol^{-1} für Aldehyde bis -9 cal × grad^{-1} · mol^{-1} für Amide. Damit unterscheiden sich die berechneten Assoziationskonstanten der Phenol-Akzeptor-Komplexe stark, sie betragen 3,9 l · mol^{-1} für Aldehyde, 6,3 l · mol^{-1} für Äther, 13 l · mol^{-1} für Ketone, 21 l · mol^{-1} für Amine und 62 l · mol^{-1} für Amide als Akzeptoren.

Eine Auswahl von thermodynamischen Parametern verschiedener intermolekularer H-Brückensysteme ist in Tab. 21 (S. 145) zusammengestellt. Aufgeführt sind, soweit bekannt, die Assoziationsenthalpien, die Änderung der Freien Enthalpie und die Assoziationsentropie für die Bildung von Dimeren bzw. 1:1-Komplexen. Es ist zu sehen, daß die Werte dieser Größen einen weiten Bereich überstreichen. Folgende allgemeingültige Aussagen sind möglich:

1. Die Assoziationsenthalpie ist in gasförmiger Phase höher als in flüssiger Phase. Sie nimmt bei Eigenassoziation mit zunehmender Polarität des Lösungsmittels ab (s. Kap. 2.1.3.). Die Werte der Konstanten ΔS_{ass} und ΔG_{ass} vermindern sich in der gleichen Weise. Als Beispiel sind in Tab. 22 die thermodynamischen Konstanten für die Dimerisation der Benzoesäure in gasförmiger Phase sowie in Lösungsmitteln unterschiedlicher Polarität aufgeführt.

Die Abnahme der Dimerisationsenthalpie wird durch

den Energiebeitrag verursacht, der für die Desolvatation der monomeren Moleküle ($\Delta H_{S,\mathrm{mon}}$) aufgewendet werden muß (s. Tab. 22). In diesem Zusammenhang ist zu beachten, daß auch das inerte Lösungsmittel CCl_4 schwache

Tabelle 22

Thermodynamische Parameter für die Dimerisation der Benzoesäure [126]

Phase	$-\Delta G_{\mathrm{ass}}$ [kcal · mol⁻¹]	$-\Delta H^*_{\mathrm{ass}}$ [kcal · mol⁻¹]	$-\Delta S^*_{\mathrm{ass}}$ [cal · grad⁻¹ mol⁻¹]	$-\Delta H_{S,\mathrm{mon}}$ [kcal · mol⁻¹]
gasförmig		8,1		–
Cyclohexan	4,71	6,4	12,2	1,7
CCl_4	4,36	5,5	10,6	2,7
Benzol	3,33	3,8	6,4	4,3

*) pro H-Brücke

Solvatkomplexe mit den Protonendonatormolekülen ausbildet. Darauf weisen die im Vergleich zu den aliphatischen Kohlenwasserstoffen niedrigeren Assoziationskonstanten und Assoziationsenthalpien hin.

2. Die Stärke der H-Brückenbindung nimmt mit steigender Elektronegativität des Donatoratoms in der A—H···B-Brücke zu, wenn der Akzeptor B konstant bleibt. Sie wächst beispielsweise in der Reihenfolge $S < N < O$. Bei gleichen Donatoratomen (und konstantem B) nimmt die Stärke der H-Brückenbindung zu, sofern der Molekülrest oder ein Substituent im Donatormolekül eine Erhöhung der Polarität bzw. Acidität der A—H-Gruppe bewirkt (s. Kap. 5.4.).

3. Bei konstantem Protonendonator nimmt die Stärke der H-Brückenbindung mit steigender Basizität des Akzeptors B zu, etwa in der Reihenfolge π-Elektronensysteme < Halogenide < Nitrile < Thiocarbonyle und Thioäther < Carbonyle < Äther und Amine. Das zeigen auch die in Tab. 23 aufgeführten mittleren H-Brückenenthalpien für verschiedene Akzeptorgruppen in Komplexen mit Phenolen und aliphatischen Alkoholen.

Es ist ersichtlich, daß für Phenole und aliphatische Alkohole etwa dieselbe Reihenfolge der Akzeptorstärken

Tabelle 23

Mittlere H-Brückenenthalpien verschiedener Akzeptortypen in Komplexen mit Phenolen und Alkoholen (kcal · mol⁻¹) [127]

Akzeptortyp	Phenole		Alkohole		$\frac{\Delta H\ (\text{Phenol})}{\Delta H\ (\text{Alkohol})}$
	$-\Delta H_{ass}$	n	$-\Delta H_{ass}$	n	
Carbonyle*)	4,71	10	2,70	13	1,74
Amide	5,37	10	3,60	5	1,49
aliphatische Äther	5,87	7	3,54	17	1,64
Amine**	8,76	4	4,73	7	1,85

n = Zahl der untersuchten Systeme

*) Ketone, Aldehyde, Ester; **) Pyridin, Triäthylamin

besteht, obwohl ihre Acidität unterschiedlich ist. Aus dem mittleren Verhältnis ΔH(Phenol)/ΔH(Alkohol) von etwa 1,6 kann die H-Brückenenthalpie für ein Alkohol-Akzeptor-System abgeschätzt werden, wenn der entsprechende Wert für das Phenol-Akzeptor-System bekannt ist und umgekehrt.

4. In intramolekularen H-Brücken ist eine lineare Anordnung der an der H-Brücke beteiligten Atome vielfach aus geometrischen Gründen nicht möglich, wird jedoch angestrebt durch Deformation der Valenzwinkel und durch Veränderung der Bindungsabstände. Aus diesem Grund sind die Assoziationsenthalpien klein und die Änderungen der vergleichbaren spektroskopischen Parameter relativ gering. Die Frequenzverschiebung der OH-Valenzschwingung beträgt etwa 30—100 cm^{-1}. Die Intensität der Assoziatbande erhöht sich ebenfalls nur mäßig. Die Assoziationsenthalpien liegen in der Größenordnung von —1 bis —3 kcal · mol^{-1}. Die dennoch ungewöhnlich hohe Stabilität der intramolekularen H-Brücken, die auch noch in Konzentrationsbereichen nachweisbar sind, in denen die konkurrierenden intermolekularen H-Brückengleichgewichte dominieren, ist auf eine nur geringe Entropieänderung zurückzuführen. Bei Bildung intramolekularer H-Brücken erhöht sich der Ordnungszustand des Systems nur wenig, die Assoziationsentropie ist deshalb

vergleichsweise gering (kleine negative ΔS_{ass}-Werte). Nach Gl. (15) können deshalb trotz niedriger H-Brückenenthalpien negative ΔG_{ass}-Werte erzielt werden, die größenordnungsmäßig durchaus mit den Werten für intermolekulare H-Brückensysteme konkurrieren können. In nicht wenigen Fällen werden intramolekulare H-Brücken erst durch starke Protonenakzeptoren (z. B. Dimethylsulfoxid) aufgebrochen [128].

5. Deuteriumsubstitution hat einen unterschiedlichen Einfluß auf die thermodynamischen Konstanten. In relativ starken OH···O-Brücken mit kleinen r(O···O)-Abständen ($<$ 2,7 Å) führt die Deuteriumsubstitution zu einer Aufweitung des r(O···O)-Abstandes und zur Schwächung der H-Brücke. Bei größeren H-Brückendistanzen ($>$ 2,7 Å) dominiert die Kontraktion der H-Brücke und ΔH_{ass} nimmt bei Deuteriumsubstitution zu.

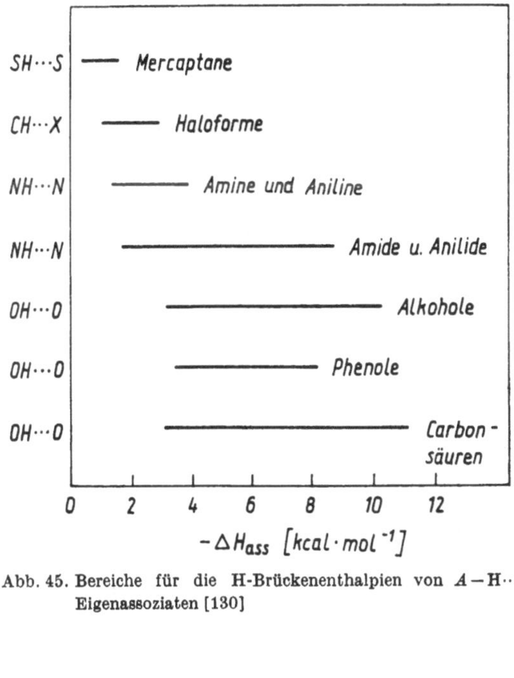

Abb. 45. Bereiche für die H-Brückenenthalpien von $A-H\cdots B$-Brücken in Eigenassoziaten [130]

In Phenol-Akzeptor-Systemen besteht nach SINGH und RAO [129] Proportionalität zwischen dem Verhältnis der Assoziationskonstanten K_H/K_D und $\Delta\nu$(OH).

Die Erwartungsbereiche der H-Brückenenthalpien für verschiedene Typen von A—H···B-Bindungen in Eigenassoziaten und Donator-Akzeptor-Komplexen sind in den Abb. 45 und 46 dargestellt.

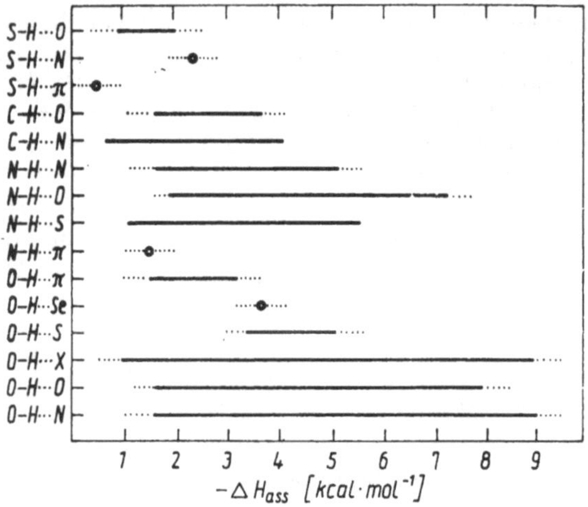

Abb. 46. Bereiche für die H-Brückenenthalpien von A—H···B-Brücken in Donator-Akzeptor-Komplexen [49]

5.2. *Korrelationen zwischen thermodynamischen und spektroskopischen Parametern*

Obwohl eine ganze Reihe physikalischer Methoden zum Studium der H-Brückenbindung geeignet ist, bieten die spektroskopischen Methoden noch immer die umfassendsten Informationen. Die moderne Meßtechnik, z. B. der *IR*- und *NMR*-Spektroskopie, ermöglicht eine schnelle Bestimmung spezifischer Größen, die sowohl mit individuellen Teilcheneigenschaften als auch mit thermodynamischen Parametern des H-Brückensystems in Beziehung stehen. Es hat deshalb nicht an Versuchen gefehlt, spektroskopische Parameter mit thermodynamischen und anderen physikalischen Größen zu korrelieren. Die Bedeutung der *IR*-Spektroskopie liegt hierbei in der Möglichkeit, die Energie einer spezifischen H-Brücke schnell abschätzen zu können sowie Aussagen über die Donator- und Akzeptorstärke der Komponenten des H-Brückensystems zu erhalten.

Die bekannteste und am besten untersuchte empirische Beziehung ist die BADGER-BAUER-Regel [131], nach der zwischen der Assoziationsenthalpie ΔH_{ass} und der Frequenzverschiebung der A—H-Valenzschwingung $\Delta\nu$*) Linearität besteht, sofern Solvatationswechselwirkungen und sterische Behinderungen ausgeschlossen werden können. Diese Beziehung gilt jedoch, wie wir heute wissen, nur unter einschränkenden Bedingungen; sie bewährt sich meist dann, wenn es sich um strukturell ähnliche Systeme handelt, z. B. um solche, bei denen entweder der Donator der gleiche bleibt und die Akzeptoren variieren oder umgekehrt. RAO und Mitarbeiter [49] haben die verfügbaren Daten der Komplexe zwischen dem Donator Phenol und 111 Akzeptoren ausgewertet. Die ΔH_{ass}-Werte variieren in einem Bereich von —0,7 bis —10 kcal · mol^{-1} und die $\Delta\nu$(OH)-Werte zwischen 40 und 560 cm^{-1} (Abb. 47). Eine Ausgleichsrechnung zeigte, daß für den ganzen Bereich keine strenge Linearität zwischen beiden Größen besteht, sondern ihre Verknüpfung einer komplizierteren Funktion gehorcht.

Abweichungen von der Linearität treten vor allem in den Systemen mit schwachen H-Brücken ($-\Delta H_{ass}$ < 3 kcal · mol^{-1}), sowie in starken H-Brückenkomplexen (z. B. Phenol-Amin-Komplexen) mit Enthalpien > 6 kcal $\times$ mol^{-1} auf. Eine gute Linearität wird für Systeme mit

*) $\Delta\nu = \nu(A-\mathrm{H})_{frei} - \nu(A-\mathrm{H})_{ass}$; für $\nu(A-\mathrm{H})_{frei}$ wird die Frequenz in der Gasphase oder bei unendlicher Verdünnung (inertes Lösungsmittel) zugrundegelegt

mittlerer Stärke ($-\Delta H_{ass} \sim 3$ bis $6\,\mathrm{kcal \cdot mol^{-1}}$) beobachtet. In Systemen mit intramolekularen H-Brückenbindungen versagt die BADGER-BAUER-Regel. Zwischen der H-Brückendistanz $r(A \cdots B)$ und der Frequenzver-

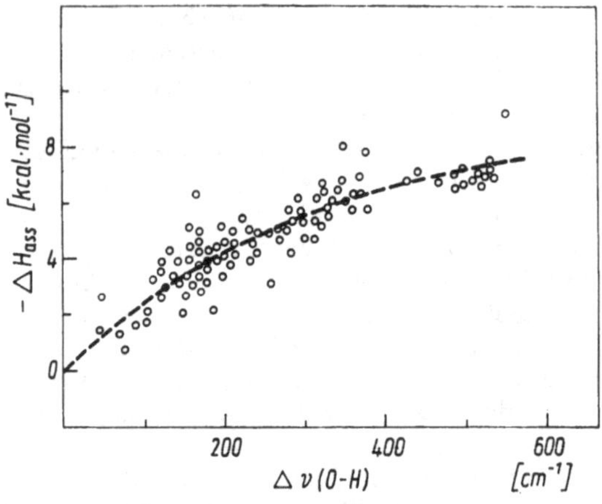

Abb. 47. Korrelation zwischen ΔH_{ass} und $\Delta\nu$(OH) für Systeme aus Phenol und unterschiedlichen Akzeptoren

schiebung $\Delta\nu(A{-}H)$ besteht im Bereich niedriger Frequenzverschiebungen ebenfalls keine Linearität. Da sowohl die H-Brückenenthalpie ΔH_{ass} als auch die Kraftkonstante k_{A-H} (Gl. (3)) der H-Brückendistanz proportional sind, muß folglich auch zwischen ΔH_{ass} und $\Delta\nu$ eine grundsätzlich nichtlineare Beziehung erwartet werden.

Bei Beachtung dieser Einschränkungen ist die Badger-Bauer-Regel dennoch recht leistungsfähig. Sie ist auf Systeme mit vergleichbarer H-Brückenenthalpie bzw. H-Brückenlänge anwendbar. Daß sich in die Linearität von Donator-Akzeptor-Komplexen auch die Akzeptoreigenschaft der Donatorgruppe in Eigenassoziation gut einfügt, sei am Beispiel des Butanon-2-oxims demonstriert, das in inerten Lösungsmitteln wie alle Oxime nur cyclische Zweier- und Dreierassoziate bildet. Wie Abb. 48 zeigt, ändert sich die Assoziationsenthalpie linear mit der Wellenzahl des gebundenen Oxims [42]. Die Enthalpie pro H-Brücke in den cyclischen Trimeren wurde zu −5,5 kcal × mol^{-1} ermittelt. Sie entspricht nach Abb. 48 einer

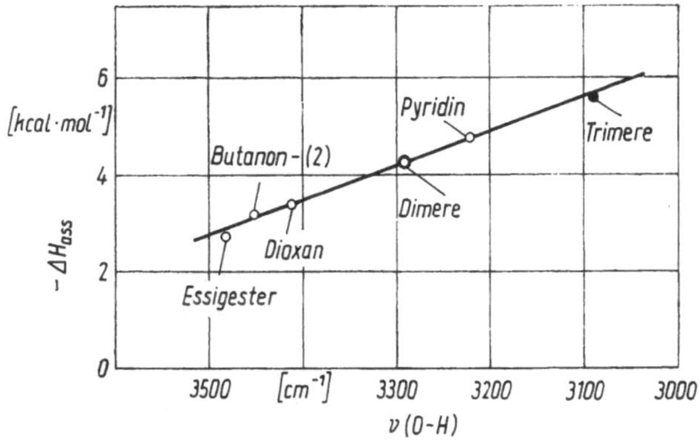

Abb. 48. Korrelation zwischen ΔH_{ass} und ν(OH) des Butanon-2-oxims in Systemen mit unterschiedlichen Akzeptoren

Wellenzahl von ungefähr 3100 cm^{-1}. Durch Bandenseparation des Assoziatbandenkomplexes konnte tatsächlich eine schwache Bande isoliert werden, deren Maximum sich bei 3090 cm^{-1} befindet. Die entsprechende Bande des Zweierassoziats liegt bei 3290 cm^{-1}. Das entspräche einer Bindungsenthalpie pro Brücke von −4,0 kcal · mol^{-1}. Aus Gleichgewichtsmessungen ergab sich ein nahezu gleich großer Wert.

Verschiedentlich wurden die Assoziationskonstanten (lg K_{ass}) sowie die ΔG_{ass}-Werte mit den Frequenzverschiebungen korreliert, da die Assoziationskonstanten leichter zugänglich sind (Messungen bei nur einer Temperatur) als die Assoziationsenthalpien. Jedoch ist die Brauchbarkeit der erhaltenen Beziehungen noch stärker auf strukturell verwandte Systeme eingeschränkt. Sterische Faktoren können durch ihren Beitrag zur Assoziationsentropie die genannten thermodynamischen Parameter stark beeinflussen (Gl. (15)). Lineare Korrelationen werden z. B. für Donator-Akzeptor-Systeme erhalten, in denen lediglich ein Substituent am Donatormolekül oder am Akzeptormolekül variiert wird (z. B. substituierte Phenole bzw. substituierte Pyridine).

Bisher bekannte Korrelationen zwischen Frequenzen und thermodynamischen oder molekularen Größen des H-Brückenkomplexes beschränken sich im wesentlichen auf die A—H-Valenzgrundschwingung. Für den Oberschwingungsbereich liegen nur wenige zuverlässige $\Delta\nu$-Werte vor. Die Intensität der Assoziatbande ist hier niedriger als die Intensität der Monomerenbande (s. S. 32); sie können auch nicht immer mit Sicherheit lokalisiert werden. Für die A—H-Deformationsschwingungen gilt Ähnliches. Sie werden mit steigender H-Brückenstärke nach höheren Frequenzen verschoben (s. S. 31) und sind der $r(A\cdots B)$-Distanz gleichfalls umgekehrt proportional.

Wie in Kap. 2.1.2. dargelegt, wird die Intensität der A—H-Valenzschwingung durch die H-Brückenbindung außerordentlich erhöht. Es hat deshalb nicht an Versuchen gefehlt, die Intensität (bzw. Intensitätsänderung) mit Eigenschaften von H-Brückensystemen zu korrelieren. Leider ist die Ermittlung der Intensitäten, insbesonders der ν(OH)-Assoziatbande auf Grund der großen Bandenbreite und der Überlappung durch Fremdbanden problematisch. Verläßliche und verwertbare Intensitätsdaten sind in größerem Maße erst greifbar, seitdem leistungsfähige Spektrometer zur Verfügung stehen.

Große Bedeutung ist den Beziehungen zwischen Frequenzverschiebung $\Delta\nu$ und Intensitätsänderung ΔB der AH-Valenzschwingung beizumessen. Sie bilden die Basis für alle Korrelationen von Parametern mit Intensitätsgrößen, die auch mit der Frequenzverschiebung in funktionalem Zusammenhang stehen. Die praktische Bedeutung der Korrelationen mit Intensitäten bzw. von ihr abgeleiteten Größen besteht darin, daß die Intensitätsänderung ein viel empfindlicherer Indikator für zwischenmolekulare Wechselwirkungen ist und vor allem für schwache H-Brückenbindungen mehr Informationen liefert als die Frequenzverschiebung. In Abb. 49 ist ein typisches Beispiel für den Zusammenhang zwischen der Intensitätsänderung ΔB und der Frequenzverschiebung $\Delta\nu$ der OH-Valenzschwingung in H-Brückensystemen dargestellt.

Im Bereich relativ schwacher H-Brücken besteht zwischen beiden spektroskopischen Parametern annähernde Linearität; für starke H-Brücken wächst die Intensität schneller an als die Frequenzverschiebung. Bei anderen Systemen liegen die Verhältnisse ähnlich; starke Abweichungen zeigt die Intensität intramolekularer H-Brücken (sie ist bei vergleichbaren $\Delta\nu$ wesentlich niedriger).

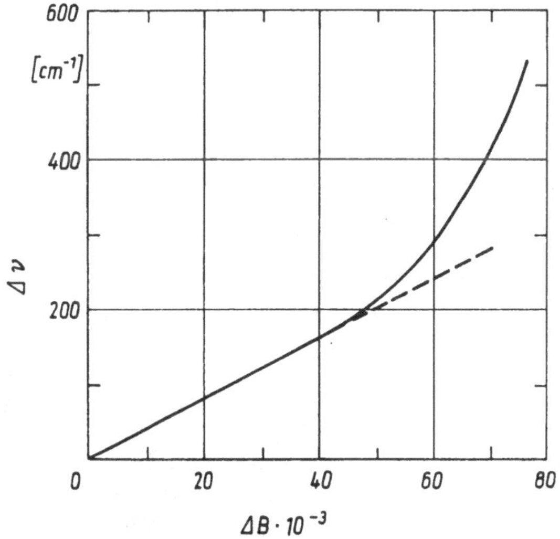

Abb. 49. Korrelation zwischen $\Delta\nu$ und ΔB der OH-Valenzschwingung von H-Brückensystemen [132]

Theoretische Untersuchungen haben ergeben, daß aus der Intensität abgeleitete Größen vielfach ein besseres Maß für die H-Brückenenthalpie sind als die Intensität selbst. Besondere Bedeutung besitzt die Zusatzdipolmomentänderung μ'_{ct}. Sie ist als Änderung des intermolekularen Übergangsmomentes definiert und ergibt sich nach Gl. (9)

$$\mu'_{ct} = \left(\frac{\delta\mu_{ct}}{\delta r}\right)_{r_0} = \left(\frac{\delta\mu}{\delta r}\right)_{r_0,\,\mathrm{ass}} - \left(\frac{\delta\mu}{\delta r}\right)_{r_0,\,\mathrm{mon}} \tag{9}$$

aus der Differenz der Dipolmomentänderung der A—H-Gruppe im Assoziat und im freien Molekül. Das Quadrat von μ'_{ct} ist näherungsweise der Intensitätserhöhung ΔB proportional (vgl. Gl. (6)). Der Einfluß der $\nu(A\mathrm{H})$-Frequenz auf die Intensität wird nach Ioganseen [133] durch Einführung der Größe $\Gamma = B/\nu$ berücksichtigt.

Der vom Protonenakzeptor verursachte Ladungsübergang kann dann analog Gl. (9) durch die Größe $\Delta\Gamma^{1/2}$ beschrieben werden:

$$\Delta\Gamma^{1/2} = \Delta\Gamma^{1/2}_{\mathrm{ass}} - \Delta\Gamma^{1/2}_{\mathrm{mon}} \tag{114}$$

Ioganseen postulierte für alle H-Brückensysteme eine allgemeingültige lineare Beziehung zwischen der H-Brückenenthalpie und der Größe $\Delta\Gamma^{1/2}$:

$$-\Delta H_{\mathrm{ass}} = 5.3\,\Delta\Gamma^{1/2} \tag{115}$$

Allerdings ist die Gültigkeit der Gl. (115) noch nicht genügend experimentell gesichert, bisher vorliegende Daten deuten aber auf die Existenz linearer Beziehungen für jeweils strukturell ähnliche Systeme hin. In Abb. 50 ist für Phenol-Äther-Komplexe der Zusammenhang zwischen ΔH_{ass} und $\Delta\Gamma^{1/2}$ dargestellt [134].

Verschiedentlich ist auch die Proportionalität zwischen der chemischen Verschiebung des A—H-Protonensignals δ im *NMR*-Spektrum und der H-Brückenenthalpie zu Interpretationen herangezogen worden. Es gibt jedoch bisher keine theoretische Grundlage für eine allgemeingültige Funktion zwischen ΔH_{ass} und δ. Während bei der Mehrzahl der H-Brückensysteme eine Zunahme der chemischen Verschiebung mit steigender H-Brücken-

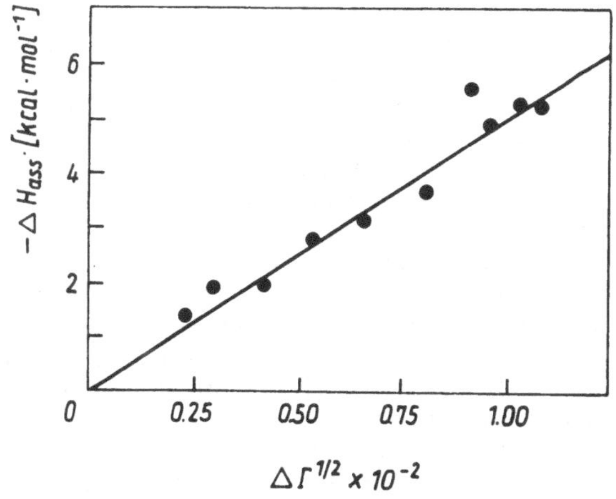

Abb. 50. Korrelation zwischen ΔH_{ass} und $\Delta \Gamma^{1/2}$ in Phenol-Äther-Komplexen [134]

enthalpie beobachtet wird, können Systeme mit aromatischen π-Elektronen (z. B. Komplexe zwischen Thiophenol und Akzeptoren) eine umgekehrte Abhängigkeit zwischen beiden Größen bewirken.

5.3. *Struktur der Assoziate*

Trotz der vielfältigen Informationen, die die verschiedenartigen experimentellen Methoden über die Eigenschaften der Wasserstoffbrücken in flüssigen Systemen zu geben vermögen, lassen sich aus ihnen meist nur recht unsichere Schlußfolgerungen über die Struktur der jeweils vorliegenden Assoziate ziehen. Oftmals sind sie sogar widersprüchlich. Dennoch schälen sich aus dem nunmehr existierenden umfassenden experimentellen Material charakteristische Merkmale heraus, die plausible Vorstellungen über die Struktur der in einem bestimmten System auftretenden Assoziattypen ermöglichen.

Verfügt ein System über genügend starke Protonendonatoren und -akzeptoren, so kann es zur Ausbildung von inter- oder intramolekularen Wasserstoffbrückenbindungen, gegebenenfalls zu beiden kommen. Allgemein werden jene H-Brückenbindungen bevorzugt sein, die zu einem maximalen Energiegewinn bei Kombination der Donatorgruppe und des Akzeptoratoms führen, wobei sterische (z. B. Linearität der Brücke) und energetische Gesichtspunkte (Donator- und Akzeptorstärken) gleichermaßen eine Rolle spielen. Relativ einfache Verhältnisse liegen vor, wenn Donator- und Akzeptorgruppe zwei verschiedenen Molekülen angehören. Sofern nicht besondere sterische Faktoren die H-Brückenbindung erschweren oder verhindern, kommt es meist zur bevorzugten Bildung von 1:1-Komplexen. Verfügt aber ein Molekül sowohl über Donator- als auch über Akzeptorgruppen, so kann es zu ganz unterschiedlichen Assoziaten kommen. Besitzt das Atom A der Protonendonatorgruppe A—H gleichzeitig Protonenakzeptoreigenschaften, dann werden, wenn der Molekülrest R dies räumlich zuläßt, Eigenassoziate gebildet. Diese können sowohl lineare (offenkettige) als auch cyclische Strukturen bilden etwa im Sinne der nachstehenden schematischen Übersicht:

linear

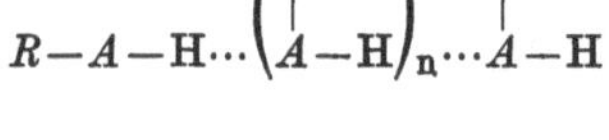

$n = 1, 2, 3, \cdots$

cyclisch

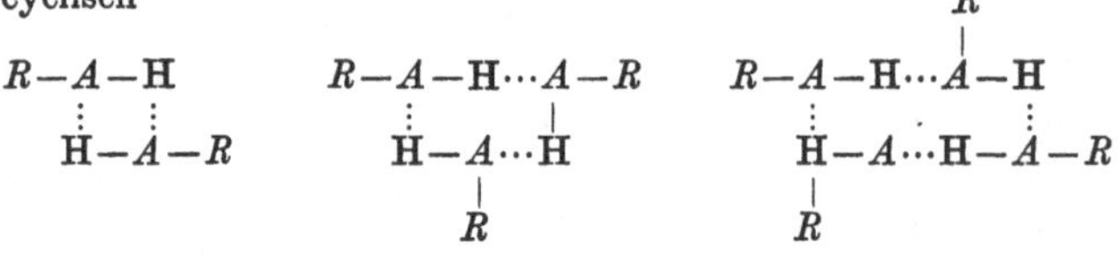

Substanzen, die nur kettenförmige Assoziate bilden, zählen mit Sicherheit zu den Ausnahmen. Nach ROSSOTTI [135] gehört hierzu wahrscheinlich das Imidazol. Der Grenzfall der vollständigen cyclischen Assoziation wird für das Pyrazol beschrieben [135, 136]. Ursprünglich wurde vermutet, daß auch die Alkohole, Phenole und Amine ausschließlich Kettenassoziate bilden. Aber nicht wenige experimentelle Befunde, insbesonders aus Kernresonanzmessungen, aus Untersuchungen der dielektrischen Polarisation und Assoziationsentropien sprechen für das Vorliegen von Gemischen aus offenkettigen und cyclischen Assoziatgebilden. Besonders kontrovers waren lange die Vorstellungen über die Struktur der Alkoholassoziate. Mit ziemlicher Sicherheit kann heute angenommen werden, daß die Alkohole in unpolaren Lösungsmitteln bei genügend hohen Konzentrationen, wahrscheinlich auch im unverdünnten Zustand, offenkettige Assoziate mit maximaler Zähligkeit von 8 bis 10 Monomeren sowie cyclische Trimere und Tetramere bilden.

Folgende Argumente sprechen für diese Vorstellung. Aus den bisherigen Relaxationsmessungen an Wasserstoffbrückensystemen geht hervor, daß die Bildung der Wasserstoffbrückenbindung und deren Zerfall mit einer Geschwindigkeit erfolgt, die nahezu der von Diffusionsprozessen entspricht. Man kann also das im thermischen Gleichgewicht befindliche System aus den Monomeren und den verschiedenen Assoziatgebilden als ein Ensemble ansehen, in dem aus statistischen Gründen die räumliche Orientierung der Kettenassoziate einen merklichen Anteil an cyclischen Gebilden wahrscheinlich macht. Da aber die Lebensdauer der cyclischen Assoziate um etwa 10^2 bis 10^3 mal größer ist als die vergleichbarer linearer Assoziate, folgt, daß möglicherweise insgesamt die Trimeren und Tetrameren in bestimmten Konzentrationsbereich gegenüber den übrigen Assoziaten dominieren. Da in den cyclischen Tetrameren die Wasserstoffbrücken nahezu gestreckt sind, hingegen in den cyclischen Trimeren beträchtlich von der Linearität abweichen, was bei ihrer Bildung zusätzlichen Energieaufwand bedeutet, sind die Tetrameren gegenüber den Trimeren bevorzugt. Dies geht auch indirekt aus dem in Tab. 24 aufgeführten Quotienten aus H-Brückenenthalpie und Zähligkeit der Assoziate der unverzweigten Octanole hervor [137].

Tabelle 24

Enthalpieanteil bezogen auf ein Mol Monomere von Octanolassoziaten in kcal

Alkohol	$-\Delta H_{12}/2$	$-\Delta H_{13}/3$	$-\Delta H_{14}/4$
Octanol-1	2,73	2,30	2,65
Octanol-2	2,50	2,03	2,23
Octanol-3	2,40	1,30	1,73
Octanol-4	2,30	1,20	1,63

Indirekte Hinweise für das Vorliegen von offenkettigen oder cyclischen Assoziaten liefert die H-Brückenenthalpie und die Assoziationsentropie. Cyclische Assoziate besitzen eine H-Brücke mehr als die linearen Assoziate gleicher Zähligkeit. Nimmt man an, daß die Enthalpie pro H-Brücke etwa gleich ist (was infolge des kooperativen Effekts aber nur annähernd zutrifft, s. S. 58), dann muß die cyclische Struktur eine größere Assoziationsenthalpie ΔH_{ass} als die offenkettige Struktur besitzen. Nach LADY und WHETSEL [138] beträgt ΔH_{ass} für Lösungen von Anilin in Cyclohexan $-1{,}69$ kcal · mol^{-1} im Fall der Dimerisation und $-7{,}49$ kcal · mol^{-1} im Fall der Tetramerisation. Die entsprechenden ΔS_{ass}-Werte liegen bei $-6{,}8$ bzw. $-23{,}7$ cal · grad^{-1} · mol^{-1}. Für ein lineares Tetrameres mit drei Wasserstoffbrücken sollte $\Delta H_{ass} = 3 \cdot (-1{,}69) = -5{,}07$ kcal · mol^{-1} sein. Ist das Tetramere cyclisch, enthält es vier Wasserstoffbrücken, wobei $\Delta H_{ass} = 4 \cdot (-1{,}69) = -6{,}76$ kcal · mol^{-1} betragen müßte. Von diesen zwei Alternativen entspricht die cyclische Struktur besser dem experimentellem Wert von

$-7{,}49$ kcal · mol^{-1}. Eine ähnliche Betrachtung kann für die Assoziationsentropie angestellt werden, sie spricht ebenfalls für die Begünstigung der cyclischen Struktur.

Die Bildung cyclischer Alkoholdimere ist aus sterischen Gründen völlig auszuschließen. Hier wäre die Abwinklung der H-Brücke mit einem so großen Energieaufwand verbunden, daß die Assoziationsenthalpie nahezu ganz aufgebraucht oder sogar überkompensiert würde. Überzeugende experimentelle Befunde gegen die Annahme der Bildung cyclischer Dimere haben neben anderen Autoren besonders BELLAMY und Mitarbeiter [20] erbracht. Sie untersuchten die Frequenz und die Bandenfeinstruktur der OH-Valenzschwingung von Phenol-Methanol-Mischungen in CCl_4. Ist das gemischte Phenol-Methanol-Dimere offen, dann kann erwartet werden, daß die phenolische OH-Gruppe als Protonendonator fungiert, da sie stärker acid als die OH-Gruppe des Methanols ist. Folglich muß die Monomerenkonzentration des Phenols abnehmen, während sich die Monomerenkonzentration des Methanols nur wenig ändern sollte. Werden jedoch cyclische Assoziate gebildet, dann müssen sich beide Monomerenkonzentrationen ändern. Den Autoren gelang der experimentelle Nachweis, daß nur die Monomerenkonzentration des Phenols merklich abnimmt. Die Ergebnisse sprechen damit für eine offene Dimerenstruktur.

Moleküle, in denen die Protonendonatorgruppe und das Akzeptoratom so angeordnet sind, daß cyclische Dimere mit angenähert oder nahezu gestreckten H-Brücken möglich sind, werden fast ausschließlich diesen Typ bilden. Hierzu zählen die bereits sehr eingehend untersuchten Carbonsäuren und Carbonsäureamide:

dimere Carbonsäuren   dimere Carbonsäureamide

Sie bilden praktisch nur cyclische Dimere. Erst in neuerer Zeit konnten Argumente beigebracht werden, daß in geringen Mengen auch höherzählige Assoziate entstehen. Die Assoziationsenthalpien betragen etwa -5 bis -10 kcal · mol^{-1} pro H-Brücke.

Besonderes Interesse beanspruchen die Oxime. Charakteristisches Merkmal ist der bifunktionelle Akzeptorcharakter der Oximgruppe, d. h. sowohl das Sauerstoffatom als auch das Stickstoffatom vermag als Akzeptor zu wirken. Da die Oxime nur Dimere und Trimere bilden, kann vermutet werden — alle bisherigen spektroskopischen Ergebnisse sprechen dafür —, daß nur cyclische Assoziate vorliegen. Möglich sind die nachstehend dargestellten Ringgebilde. Die Form I ist sehr unwahrscheinlich, und zwar aus den gleichen Gründen, wie sie für die Bildung von Alkoholdimeren angeführt worden sind.

Ringstrukturen

I

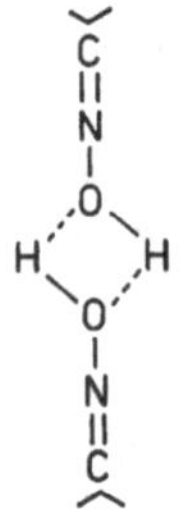

II

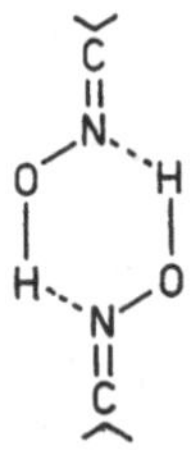

III

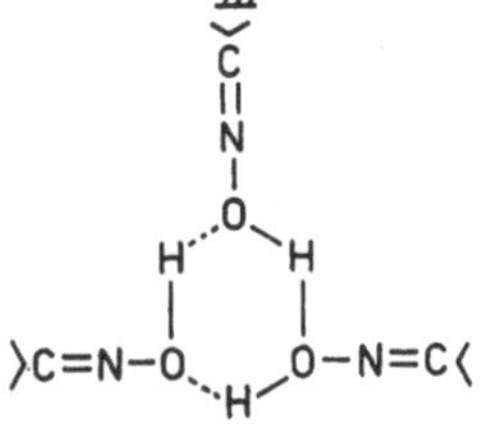

IV

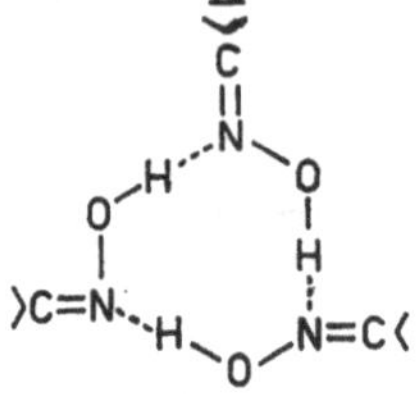

Die dimeren Oxime werden daher Ringgebilde des Typs II darstellen. Die Abweichung von der idealen H-Brücke beträgt hier etwa 26° [139]. Von den beiden Trimeren wird die Struktur III mit OH···N-Brückenbindungen dominieren, erstens weil die Akzeptorstärke des Stickstoffatoms deutlich höher als die des Sauerstoffatoms ist, und zweitens, weil hier nahezu gestreckte H-Brücken vorliegen, was in Struktur II mit OH···O-Brückenbindungen nicht möglich ist [89].

Die Energie der intramolekularen H-Brücken liegt mit etwa 1 bis 3 kcal · mol^{-1} in der Größenordnung der Energie anderer intramolekularer Wechselwirkungen, z. B. von Rotationsisomeren (Konformeren) bzw. Konformationsgleichgewichten in cyclischen Verbindungen. Diese Wechselwirkungen können daher mit der intramolekularen H-Brückenbindung um die günstigste Geometrie konkurrieren. Somit besteht die Möglichkeit, auf relativ einfachem Weg Informationen über die Stereochemie von Ringverbindungen, z. B. von Cyclohexanolen und Terpenalkoholen, zu erlangen.

Von den möglichen Konformationen der isomeren Cyclohexandiole existieren nur drei, in denen die beiden Sauerstoffatome so eng benachbart liegen, daß stabile intramolekulare H-Brücken ermöglicht werden. Die entsprechenden Konformationen sind gegenüber den anderen energetisch begünstigt (Abb. 51).

Die OH-Assoziatschwingungen absorbieren bei 3585 cm^{-1} (Konf. I), 3600 cm^{-1} (Konf. II) und 3550 cm^{-1} (Konf. III) [140].

Auch die Frequenzen der freien OH-Valenzschwingung werden durch Konformationswechselwirkung spezifisch beeinflußt und können zur Konformationsanalyse herangezogen werden. Sie liegen für axiale OH-Gruppen etwa 5 bis 10 cm^{-1} höher als für die äquatorialen Epimeren. In Cyclohexanolen und Terpenalkoholen absorbieren primäre OH-Gruppen bei etwa 3640—41 cm^{-1}, sekundäre bei 3623—3638 cm^{-1} und tertiäre bei 3613—3619 cm^{-1}. Die thermodynamischen Parameter der Konformationsgleichgewichte zwischen H-brückengebundenen und nichtgebundenen Konformeren sind aus den relativen Intensitäten der freien und assoziierten OH-Valenzschwingung zugänglich.

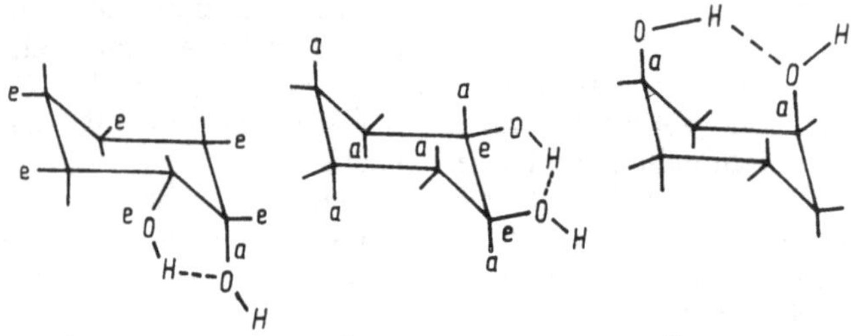

I II III

Abb. 51. Konformationen der Cyclohexandiole mit intramolekularer H-Brückenbindung

e = äquatoriale, *a* = axiale Lage des Substituenten

5.4. *Donator- und Akzeptoreigenschaften*

Die Stabilität eines H-Brückenkomplexes ist, wie bereits mehrfach hervorgehoben, von den Eigenschaften des Protonendonators und Protonenakzeptors abhängig. Diese werden in erster Linie vom Typ der Donatorgruppe und der beweglichen Elektronen des Akzeptors, aber auch ganz entscheidend vom Molekülrest bestimmt.

Die getrennte Untersuchung der Donator- und Akzeptoreigenschaften erfolgt am zweckmäßigsten an komplexbildenden Systemen, in denen entweder nur der Donator variiert wird und der Akzeptor konstant bleibt (Typ I) oder umgekehrt (Typ II). KOLLMAN und ALLEN [141] haben an $A{-}H\cdots B$-Komplexen dieser Typen ($A = NH_2$, OH, FH; $B = NH_3$, OH_2, F) quantenchemische Berechnungen durchgeführt. Die Analyse der Ergebnisse zeigte, daß der H-Brückenabstand $r(A\cdots B)$ in erster Näherung eine Funktion der positiven Partialladung am H-Atom der Brücke ist; z. B. beträgt der $NH\cdots B$-Abstand unabhängig vom Akzeptor stets etwa 3,4 Å (s. Tab. 25).

Tabelle 25

Berechnete H-Brückenabstände und -energien in Donator-Akzeptor-Komplexen

Protonen-donator	Protonen-akzeptor	$r(A \cdots B)$ [Å]	ΔE [kcal · mol^{-1}]	Protonen-donator	Protonen-akzeptor	$r(A \cdots B)$ [Å]	ΔE [kcal · mol^{-1}]
NH_3	HF	3,45	1,3	HF	NH_3	2,75	11,7
	H_2O	3,41	2,3	H_2O		3,12	5,8
	NH_3	3,49	2,7	NH_3		3,49	2,7
H_2O	HF	3,08	3,0	HF	H_2O	2,72	9,4
	H_2O	3,00	5,3	H_2O		3,00	5,3
	NH_3	3,12	5,8	NH_3		3,41	2,3
HF	HF	2,88	4,6	HF	HF	2,88	4,6
	H_2O	2,72	9,4	H_2O		3,08	3,0
	NH_3	2,75	11,7	NH_3		3,45	1,3

Ist jedoch die energetisch günstigste H-Brückenlänge erreicht, wird die Ladungs- und Elektronendichteverteilung der lone-pair-Elektronen des Akzeptors B der bestimmende Faktor für die H-Brückenenergie.

Als quantitative Größe für die Charakterisierung der Donatorstärke ist die Ionisierbarkeit der A—H-Bindung, d. h. ihre Säurestärke (ausgedrückt durch die Dissoziationskonstanten pK_a) gut geeignet. Die Donatorstärke der A—H-Gruppe nimmt zu, wenn sich ihr partieller ionischer Charakter, d. h. die Acidität erhöht (fallende pK_a-Werte). Als Maß für die Akzeptorstärke wird von Duijneveldt [98] der Hybridisierungsgrad χ_s der lone-pair-Elektronen des Akzeptoratoms vorgeschlagen. Mit abnehmendem s-Charakter (zunehmendem p-Charakter) erhöht sich die Energie der H-Brückenbindung.

Die Gültigkeit der für die Elemente der 2. Periode N, O und F abgeleiteten Kriterien ist allerdings begrenzt. Sie müssen für die Elemente höherer Perioden (z. B. P, S und Cl) sowie für π-Elektronen als Akzeptoren modifiziert werden. So bilden die Amine stärkere H-Brücken als die Phosphine, obwohl die lone-pair-Elektronen des Phosphors eine niedrigere Ionisierungsenergie und einen höheren p-Charakter als diejenigen des Stickstoffs besitzen. Das Stickstoffatom ist dennoch der stärkere Akzeptor, weil die Ladungsdichte und die Fähigkeit zur Ladungsübertragung (charge transfer) der lone-pair-Elektronen des Stickstoffs auf Grund ihrer geringeren räumlichen Ausdehnung größer ist (höhere Elektronegativität).

Es ist heute noch nicht möglich, die Donator- und Akzeptorfunktion der an der H-Brücke beteiligten Gruppen und somit die Eigenschaften aller H-Brücken durch eine geschlossene Theorie zu beschreiben. Für praktische Zwecke haben sich aber eine Reihe empirischer Beziehungen als nützlich erwiesen. Einige seien kurz beschrieben.

Wendet man auf Donator-Akzeptor-Komplexe die Badger-Bauer-Korrelation an, so zeigt sich, daß die Protonendonatoren des Typs II und die Protonenakzeptoren des Typs I durch Geraden mit charakteristischem Anstieg und Ordinatenabschnitt gekennzeichnet sind. Der Anstieg der ΔH_{ass}-$\Delta\nu$-Geraden hängt von der Donator- bzw. Akzeptorstärke der konstanten Komplexkomponente ab und ist zuweilen Ausgangspunkt für die Aufstellung einer Skala von Donator- und Akzeptorstärken [142]. Häufiger wird jedoch einfach die gemessene Frequenzverschiebung des jeweiligen Komplextyps als Maß für die Donator- bzw. Akzeptorstärke benutzt. $\Delta\nu$ nimmt im allgemeinen mit steigender Donatorstärke und steigender Akzeptorenstärke der Komponenten zu. Eine absolute Skala ist auf diese Weise allerdings nicht erhältlich. Die Wahl einer anderen Bezugskomponente (z. B. eines anderen Donators) kann bereits zu einer veränderten Reihenfolge der untersuchten Komponenten (Akzeptoren) führen.

Ratajczak und Orville-Thomas [143] haben auf der Basis der Charge-transfer-Theorie der H-Brückenbindung für strukturell ähnliche Komplexe (des Typs I) eine lineare Beziehung zwischen der reziproken Frequenzverschiebung und der Ionisierungsenergie des Elektronendonators (Protonenakzeptors) I_D abgeleitet. Tatsächlich wird in Komplexen des Typs O—H···π (Phenol-Polymethylbenzole) und O—H···N (Methanol-Amine) Linearität zwischen den Größen $1/\Delta\nu$ und I_D beobachtet (s. Abb. 52). Die Anwendbarkeit ist jedoch begrenzt.

Es gilt als ausreichend belegt, daß als quantitative Größe für die Charakterisierung der Donator- und Akzeptorstärken in sehr vielen H-Brückensystemen die Acidität des Donators ($pK_{a,S}$) und die Basizität des Akzeptors ($pK_{a,B}$) herangezogen werden kann. Dies zeigt eine Reihe in der Literatur beschriebener linearer Beziehungen zwischen verschiedenen Assoziationsparametern ($\Delta\nu$, ΔH_{ass}, $\lg K_{ass}$) und den Dissoziationskonstanten $pK_{a,S}$, $pK_{a,B}$ bzw. ΔpK_a.

Der Einfluß des Molekülrestes auf die Donator- und Akzeptoreigenschaften äußert sich in der Abhängigkeit der spektroskopischen und thermodynamischen Assoziationsparameter von den Substituentenkonstanten. Besonders gut untersucht ist die Beziehung zu den HAMMETT-Konstanten σ aromatischer Verbindungen. Sie kennzeichnen die Wirkung des Substituenten auf die Elektro-

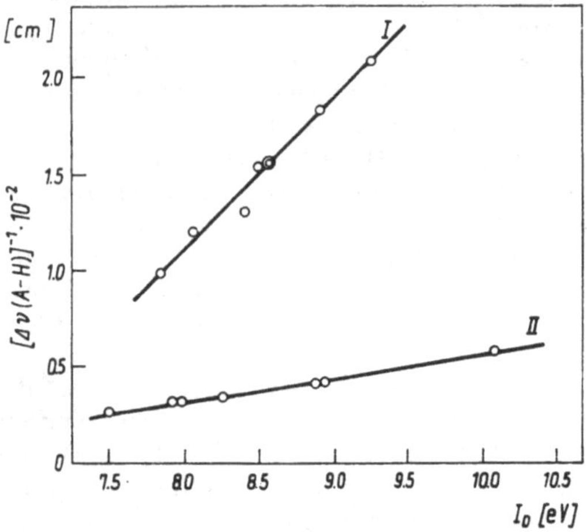

Abb. 52. Beziehung zwischen $1/\Delta\nu$ und I_D in Komplexen zwischen
I — Phenol und Polymethylbenzolen,
II — Methanol und Aminen

nendichte der A—H-Bindung bzw. der lone-pair-Elektronen des Akzeptors B. Der Einfluß von unterschiedlichen meta- und para-Substituenten auf die Frequenz der freien und assoziierten OH-Valenzschwingung von Phenolen und Catecholen wurde erstmals von INGRAHAM und Mitarbeitern [144] untersucht. Jede dieser Frequenzen ist nahezu linear von den HAMMETT-Konstanten abhängig. Da die Anstiege beider Geraden verschieden sind, muß auch Linearität zwischen $\Delta\nu$ und σ bestehen. Korrelationen zwischen diesen und ähnlichen Parametern wurden vielfach diskutiert.

Am Beispiel des Assoziationsverhaltens parasubstituierter Phenole und Thiophenole sei gezeigt, wie sich strukturelle Merkmale auf die Donator- und Akzeptoreigenschaften der Hydroxylgruppe und der Merkaptogruppe auswirken. Der Einfluß der Substituenten auf die Assoziationstendenz kommt sowohl in der Abhängigkeit der Assoziationsparameter K_{12}, ΔH_{12} und $\Delta\nu$ als auch in der Abhängigkeit der Spektrenparameter ν_{mon} und A_{mon} der A—H-Monomerenbande von den HAMMETT-Konstanten σ_p zum Ausdruck. In Abb. 53 sind in einer Übersicht die sich ergebenden Korrelationen dargestellt [31]. Während sich die Assoziationstendenz der Phenole mit

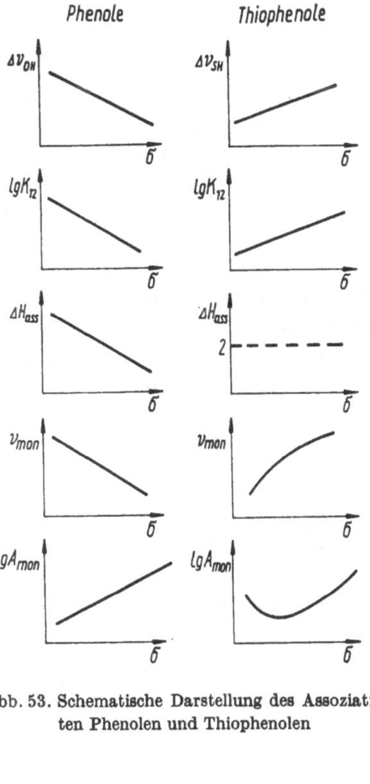

Abb. 53. Schematische Darstellung des Assoziationsverhaltens von substituierten Phenolen und Thiophenolen

steigendem Elektronensog der Substituenten merklich verringert, nimmt sie in den Thiophenolen in der gleichen Richtung geringfügig zu. Jedoch verbessern sich sowohl die Donatoreigenschaften der OH- als auch der SH-Gruppe mit zunehmenden HAMMETT-Konstanten. Dies erbrachten *IR*-Untersuchungen von Komplexen zwischen substituierten Phenolen bzw. Thiophenolen und einem Protonenakzeptor (z. B. Pyridin).

Die Abhängigkeit der Donator- und Akzeptorfunktion von elektronischen Einflüssen des Molekülrestes ließ sich für die phenolische OH-Gruppe in guter Näherung an Phenol-Anisol-Komplexen durch Variation des para-Substituenten am Donator bei konstantem Akzeptor (Anisol) und umgekehrt studieren [145]. Ausgangspunkt war die Annahme, daß sich die Frequenzverschiebung der Phenoldimeren $\Delta\nu_{\mathrm{Dim}}$ additiv aus zwei Anteilen zusammensetzt, die der Donatorstärke der OH-Gruppe ($\Delta\nu_D$) und der Akzeptorstärke des Sauerstoffs ($\Delta\nu_A$) proportional sind:

$$\Delta\nu_{\mathrm{Dim}} = \Delta\nu_D + \Delta\nu_A \qquad (116)$$

Für einen bestimmten Substituenten sollte demnach auch die Summe der Frequenzverschiebungen des subst. Phenol-Anisol-Komplexes $\Delta\nu_{K(D)}$ und des Phenol-subst. Anisol-Komplexes $\Delta\nu_{K(A)}$ der Frequenzverschiebung des substituierten Phenoldimeren $\Delta\nu_{\mathrm{Dim}}$ proportional sein:

$$\Delta\nu_{K(D)} = \Delta\nu_{K(A)} \sim \Delta\nu_{\mathrm{Dim}} \qquad (117)$$

Wird für Phenol als Bezugspunkt $\Delta\nu^0_{\mathrm{Dim}}$ eingeführt, so ergibt sich, wie leicht gezeigt werden kann, die Gl. (118):

$$\Delta\nu_{K(D)} + \Delta\nu_{K(A)} = \Delta\nu_{\mathrm{Dim}} + \Delta\nu^0_{\mathrm{Dim}} + \Delta \qquad (118)$$

Δ ist eine Konstante, die den Austausch des Protons im Akzeptormolekül durch eine Methylgruppe berücksichtigt.

In Abb. 54 sind die Frequenzverschiebungen der Phenoldimeren und der Phenol-Anisol-Komplexe gegen die HAMMETT-Konstanten aufgetragen.

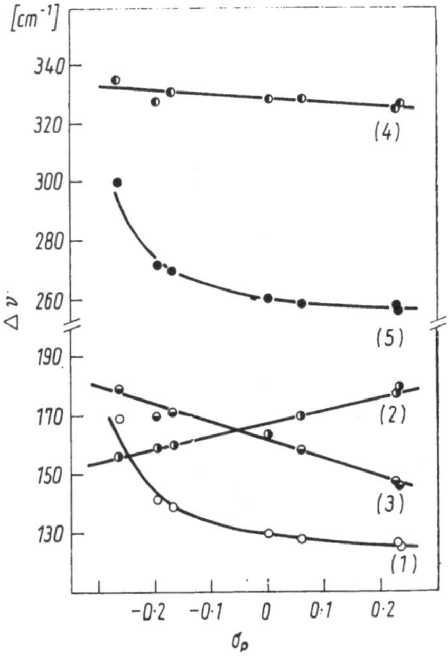

Abb. 54. Beziehung zwischen $\Delta\nu$ und σ_p für die (1) Phenoldimeren, (2) subst. Phenol-Anisol-Komplexe, (3) Phenol-subst. Anisol-Komplexe, (4) $\Delta\nu_{K(D)} + \Delta\nu_{K(A)}$, (5) $\Delta\nu_{\mathrm{Dim}} + \Delta\nu^0_{\mathrm{Dim}}$

Die Stärke der OH···O-Brücken in den Phenoldimeren verringert sich mit steigenden HAMMETT-Konstanten (Kurve 1). In der gleichen Richtung nimmt die Donatorstärke der Hydroxylgruppe zu (Kurve 2), während die Akzeptorstärke des Sauerstoffs abnimmt (Kurve 3). Die Summe $\Delta\nu_{K(D)} + \Delta\nu_{K(A)}$ (Kurve 4) hat wie auch die Summe

$\varDelta\nu_{Dim} + \varDelta\nu^0_{Dim}$ (Kurve 5) fallende Tendenz, die Größe $\varDelta$ (Gl. 118) ist jedoch nicht konstant.

Man kann schlußfolgern, daß in den Phenolen die Zunahme der Donatorstärke der OH-Gruppe durch die Abnahme der Akzeptorstärke des Sauerstoffs überkompensiert wird, sodaß die Stabilität der OH···O-Brücken abnimmt. Bei den Thiophenolen ist es gerade umgekehrt. Offensichtlich verändert sich die ohnehin geringe Akzeptorfunktion des Schwefels durch elektronische Einflüsse des Molekülrestes nur wenig.

Der Einfluß des Molekülrestes auf die Donator- und Akzeptoreigenschaften der OH-Gruppe von aliphatischen Alkoholen zeigt sich sehr deutlich an der Abnahme der Assoziationstendenz mit steigender Kettenlänge bzw. Verzweigung des Moleküls. In der Reihenfolge Methanol, Äthanol, t-Butanol betragen die Assoziationsenthalpien $-9{,}2$, $-7{,}2$ und $-4{,}8$ kcal · mol^{-1} [146]. Die Assoziationstendenz der isomeren Butanole nimmt mit zunehmender Verzweigung in der Reihenfolge n-Butanol > i-Butanol > s-Butanol > t-Butanol ab. Bemerkenswert ist das Verhalten äquimolekularer Butanolgemische in n-Heptan [147]. Es konnte gezeigt werden, daß sich mit Ausnahme des Systems n-Butanol-t-Butanol die übrigen Gemische bezüglich der einzelnen Alkohole nahezu quasiideal verhalten, d. h. sich bei gegebener Gesamtkonzentration und gegebenem Molenbruch x_1 und x_2 beider Komponenten der Gesamtmonomerengehalt α_{ideal} aus den entsprechenden α-Werten der jeweiligen Alkohole nach Gl. (119) ergibt

$$\alpha_{ideal} = x_1\alpha_1 + x_2\alpha_2 \tag{119}$$

Für das Gemisch n-Butanol-t-Butanol trifft diese Additivität nicht mehr zu. Die experimentellen α-Werte liegen merklich niedriger als die nach Gl. (121) berechneten, das nichtideale Verhalten muß nunmehr durch partielle Monomerenanteile gemäß der Beziehung

$$\alpha_{real} = x_1\bar{\alpha}_1 + x_2\bar{\alpha}_2 \tag{120}$$

beschrieben werden. Die Differenz $\Delta\alpha = \alpha_{real} - \alpha_{ideal}$ hat den Charakter einer Exzeßeigenschaft. Offensichtlich ist in diesem System die Tendenz zur Bildung gemischter Assoziate größer als die arteigener Assoziate. Diese Ergebnisse stehen in guter Übereinstimmung mit thermodynamischen Messungen [148].

Eine plausible Deutung dieses Verhaltens ist mit Hilfe des Säure-Base-Modells möglich. Das Proton ist im n-Butanol acider als im t-Butanol, der Sauerstoff ist im t-Butanol basischer als im n-Butanol ($+I$-Effekt der tertiären Butylgruppe). Günstige Bedingungen für die Ausbildung stabiler H-Brücken bestehen daher auf Grund der Aciditäts- bzw. Basizitätsunterschiede durch Bildung von Mischassoziaten von n-Butanol(Donator)-t-Butanol-(Akzeptor)-Komplexen.

6. Wasserstoffbrücken und Struktur des Wassers

Wegen der herausragenden Bedeutung des Wassers in der unbelebten und belebten Natur ist die Frage nach seiner Struktur schon sehr frühzeitig gestellt worden. Es liegt bereits eine längst nicht mehr überschaubare Zahl außerordentlich vielgestaltiger theoretischer und experimenteller Untersuchungsergebnisse vor. Während über die Struktur des Eises schon sehr präzise Vorstellungen bestehen, sind die Anschauungen über die Struktur des flüssigen Wassers immer noch unzulänglich und teilweise recht widerspruchsvoll. Entscheidende Fortschritte in der Frage nach der Struktur und dem Ordnungszustand wurden erst erzielt, als eindeutig erkannt war, daß den H-Brücken die entscheidende Rolle zufällt.

Das Wassermolekül verfügt über zwei Protonen und zwei einsame Elektronenpaare, es kann daher zweimal als Protonendonator und zweimal als Protonenakzeptor fungieren, was eine Vielfalt unterschiedlicher Assoziatstrukturen mit differenzierten H-Brücken ermöglicht. Entscheidend hierbei ist der hybridisierte Zustand der sechs Valenzelektronen des Sauerstoffatoms in dem freien Wassermolekül (angenäherte Tetraederstruktur mit einem HOH-Bindungswinkel von 104,5°, Abb. 55). Allein für

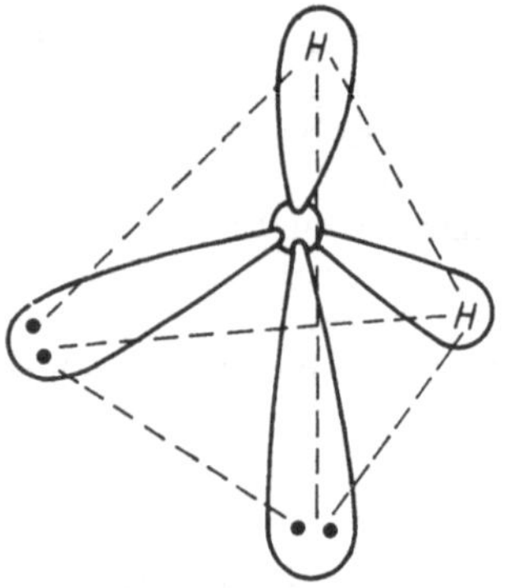

Abb. 55. Tetraeder-Modell des H_2O-Moleküls

die dimeren Assoziate sind die drei nachstehend wiedergegebenen Strukturen vorstellbar. Schon aus der Erfahrung kann geschlossen werden, daß das lineare

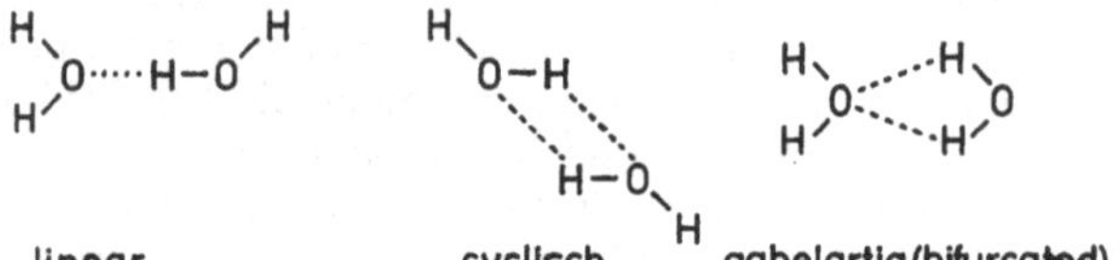

linear cyclisch gabelartig (bifurcated)

Dimere, obwohl in ihm die beiden Moleküle nur durch eine H-Brücke zusammengehalten werden, stabiler ist als die beiden anderen. In diesen Assoziaten weicht die H-Brücke sehr stark von der Linearität, also vom idealen Zustand ab, was eine sehr große Spannungsenergie bedeutet. Ab-initio-(*MO-SCF*-)Rechnungen haben die wesentlich größere Stabilität der offenen Dimeren bestätigt [105, 149]. Als Ursache wird die günstigere Energiebilanz aus der H···O-Anziehung und der O···O-Abstoßung angesehen. Für das lineare Assoziat ist bei gegebenem H···O-Abstand die Entfernung zwischen den Sauerstoffatomen größer als in den beiden anderen. Energetisch gesehen sind alle drei Formen durch Potentialminima gekennzeichnet, jedoch ist das vom Typ I am tiefsten.

Struktur des Eises

In gewöhnlichem hexagonal kristallisiertem Eis (Eis Ih) sind die Sauerstoffatome, wie Röntgenfeinstrukturuntersuchungen erbrachten, nahezu tetraedrisch angeordnet (Abb. 56). Durch weitgehend lineare Wasserstoffbrücken

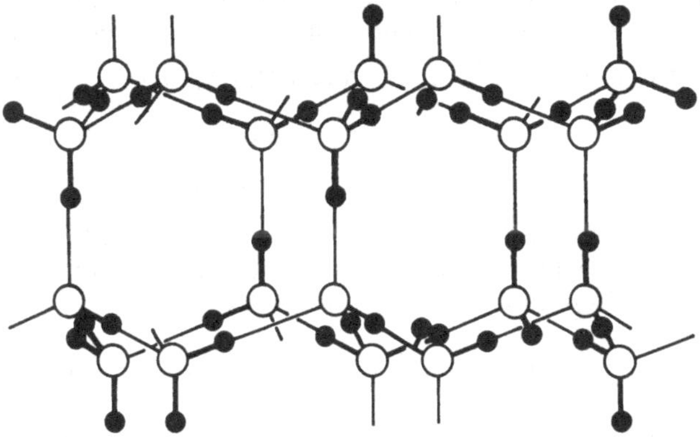

Abb. 56. Struktur des hexagonalen Eiskristalls (Eis Ih)

zwischen ihnen wird das Kristallgitter zusammengehalten, der O···O-Abstand beträgt 2,76 Å. Über die Lage des Protons zwischen den O-Atomen vermochten diese Untersuchungen keine Aussagen zu machen. Neutronenbeugungsuntersuchungen an D_2O-Eis zeigten indessen, daß der Abstand des kovalent gebundenen H-Atoms in Eis ungefähr 1,01 Å beträgt [150], was bedeutet, daß das Proton zwischen den Sauerstoffatomen eine asymmetrische Stellung einnimmt. Plausible Argumente hierfür gab PAULING bereits vor nunmehr 30 Jahren [151]. Aus kalorimetrischen und spektroskopischen Untersuchungen ist bekannt, daß Eis in der Nähe des absoluten Nullpunktes eine Nullpunktsentropie von 0,82 cal · grad^{-1} $\times$ mol^{-1} besitzt, was besagt, daß Eis nicht in idealkristallisierter Form, unterliegt. PAULINGS Interpretation basiert auf der Voraussetzung, daß die H-Atome eines jeden Wassermoleküls auf zwei der tetraetrisch angeordneten in Nachbarschaft befindlichen Sauerstoffatome ausgerichtet sind und sie selbst untereinander Orientierungen annehmen, die nur ein H-Atom in asymmetrischer Lage zwischen den Sauerstoffatomen zulassen. Da für jedes Wassermolekül 6 verschiedene räumliche Orientierungen möglich sind, ergeben sich für zwei benachbarte Moleküle $6 \cdot \frac{1}{2} \cdot \frac{1}{2} = \frac{3}{2}$ und für ein Mol Wasser $W = \left(\frac{3}{2}\right)^N$ Anordnungen. Damit errechnet sich die Nullpunktsentropie mit $S_0 = k \ln W = k \ln \left(\frac{3}{2}\right)^N$ zu 0,805 cal · grad^{-1} mol^{-1}. Die gute Übereinstimmung zwischen berechnetem und experimentellem Wert spricht für die asymmetrische Lage des H-Atoms zwischen den Sauerstoffatomen.

Alle bisherigen Befunde deuten darauf hin, daß im Eis Ih der H—O—H-Valenzwinkel etwas aufgeweitet ist, und die Wasserstoffbrücken leicht gekrümmt sind. Die kleine Koordinationszahl 4 verursacht die Sperrigkeit der Eisstruktur mit ihren großen käfigartigen Hohlräumen. Von der dichtesten Kugelpackung ist die Anordnung des H_2O-Moleküls in Eis Ih weit entfernt. So verwundert es nicht, daß bei höheren Drücken andere Modifikationen auftreten. Im Druckbereich zwischen 1 und 25000 at existieren wenigstens acht weitere kristalline Eisformen, was für unterschiedliche Packungen der H_2O-Moleküle in den kristallinen Phasen spricht. Mit Ausnahme des kubisch kristallisierenden Eises (Eis Ic) liegen die Dichten zwischen 1,16 und 1,50 g/cm³.

Struktur des flüssigen Wassers

Im Verlauf der beiden letzten Jahrzehnte ist eine große Zahl von Modellvorstellungen über die Struktur des Wassers entwickelt und diskutiert worden. Die meisten lassen sich einordnen entweder in die Gruppe der Kontinuums-Modelle oder in die der Mischungsmodelle. Die Kontinuums-Modelle gehen von der Annahme aus, daß bei Normalbedingungen praktisch alle Wassermoleküle durch H-Brücken miteinander verknüpft sind und somit keine unterscheidbaren Teilchen in der Gesamtmenge des flüssigen Wassers existieren. Geprägt sind die spezifischen Eigenschaften des Wassers in erster Linie durch unterschiedliche Längen und Winkel aller H-Brücken. Ihre Werte variieren in weiten Bereichen und gehorchen einer bestimmten temperaturabhängigen Verteilungsfunktion. Mit zunehmender Temperatur werden die mittleren Schwingungsabstände und die Winkelverzerrungen größer, was zur Schwächung der H-Brücken führt. Die Mischungsmodelle betrachten das Wasser als Mischung einer nur geringen Zahl von unterscheidbaren Teilchen (Assoziatstrukturen und ungebundene Moleküle). Sie wiederum können untergliedert werden in die Cluster-Modelle und die Zell- oder Käfig-Modelle. Das Cluster-Modell betrachtet das flüssige Wasser als Mischung aus dreidimensional vernetzten Assoziatgebilden und Einzelmolekülen, etwa in der Art, wie in Abb. 57 schematisch dargestellt.

Zum Verständnis der Cluster-Modelle haben wesentlich die Überlegungen von Frank und Wen [36] beigetragen. Sie betrachten die Bildung der H-Brücken in Wasser als ein überwiegend kooperatives Phänomen, demzufolge in den meisten Fällen, wenn eine H-Brücke entsteht, auf Grund der elektronischen Veränderungen (Resonanzeffekt) sich sofort mehrere bilden und umgekehrt, wenn im

Cluster eine H-Brücke zerbricht, dieser sofort zerfällt. Die Lebensdauer der Cluster ist sehr gering und liegt bei 10^{-10} bis 10^{-11} sec. Sie ist kurz genug, um der Dielektrizi-

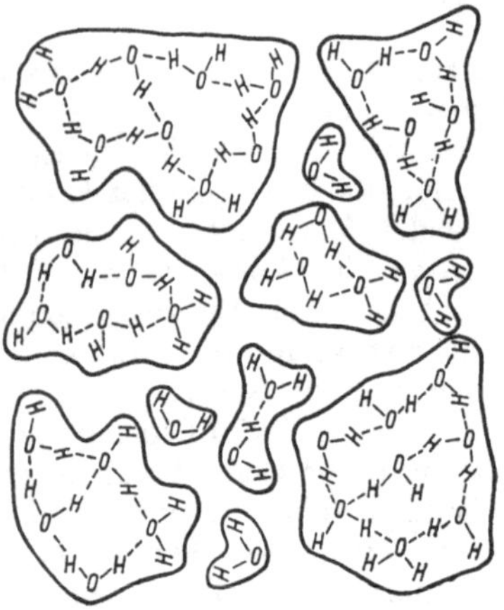

Abb. 57. Cluster-Modell des flüssigen Wassers

tätskonstanten und der Relaxationszeit des Wassers zu entsprechen, aber auch in Bezug auf die Molekülschwingung groß genug, um die eindeutige Existenz der Cluster zu sichern. Es bietet sich somit das Bild eines hochfrequenten strukturellen Flimmerns (flickering clusters). Nach dem Käfig-Modell wird Wasser angesehen als ein System bestehend aus Gebilden mit eisähnlicher Netzwerk-Struktur, in deren Hohlräumen sich Einzelmoleküle käfigartig befinden. Mit diesem Modell konnten durch Wahl geeigneter Strukturparameter die Dichte und die Dielektrizitätskonstante recht gut berechnet werden.

Die Frage, ob sich die Eigenschaften des Wassers besser durch ein Kontinuums- oder Mischungs-Modell beschreiben lassen, hat in der jüngsten Zeit zu ziemlich kontroversen Diskussionen geführt. Hierbei spielt der für die Modellvorstellungen verwertete Informationsgehalt aus Untersuchungen der verschiedensten experimentellen Techniken eine wesentliche Rolle. So lassen Ergebnisse aus thermodynamischen, dielektrischen, Röntgenstrahlbeugungs- oder Kernresonanzmessungen nur Aussagen über Strukturen von relativ großer Lebensdauer zu. Hingegen sind die Infrarot- und Ramanspektroskopie in der

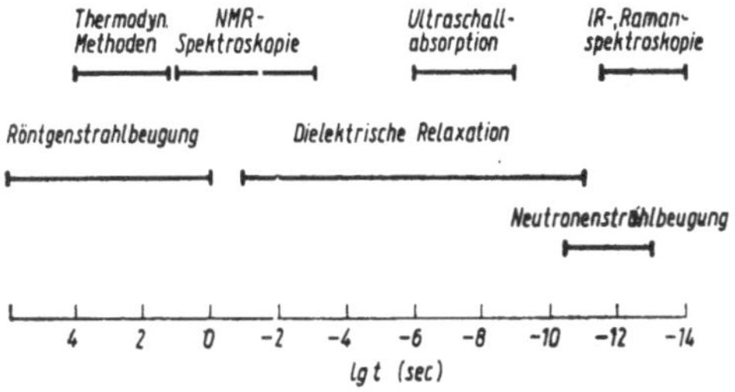

Abb. 58. **Zeitskala für Informationen über molekulare Prozesse in Eis und Wasser durch unterschiedliche experimentelle Methoden**

Lage, auch Auskunft über strukturelle Veränderungen von sehr viel kürzerer Zeit zu geben. Die Relaxationsverfahren nehmen eine Mittelstellung ein. Einen Überblick über die mögliche Information durch die verschiedenen Meßmethoden vermittelt die in Abb. 58 wiedergegebene logarithmische Zeitskala.

Daß außerdem die Leistungsfähigkeit der einzelnen Methoden für die Interpretation des jeweils betrachteten Modells entscheidend sein kann, haben Infrarot- und Raman-Untersuchungen deutlich gemacht.

Der ursprünglichen Fassung des Kontinuums-Modell von Wall und Hornig lagen Ergebnisse ihrer Untersuchungen über die Absorption der OH- und OD-Schwingungen im Raman-Spektrum 5%iger HDO-Lösungen in H_2O und D_2O zugrunde [152]. Die Autoren beobachteten jeweils eine breite, schwach unsymmetrische Bande, aus deren Profil sie eine bestimmte Verteilung der H-Brückenbindungsenergie in Abhängigkeit vom Abstand der Sauerstoffatome erhielten, die mit der aus Röntgenbeugungsuntersuchungen gewonnenen gut übereinstimmt. Entsprechende Infrarotstudien von FALK und FORD [153] bestätigen das Kontinuums-Modell. Wenig später jedoch konnte WALRAFEN [154] anhand wesentlich genauerer RAMAN-Messungen zeigen, daß die *OD*-Bande nicht nur sehr stark asymmetrisch, sondern auch durch eine gut ausgeprägte Schulter gekennzeichnet ist. Durch rechnerische Separierung dieser Bande ergaben sich zwei Teilbanden von GAUSS-Form mit Maxima bei 2650 und 2525 cm^{-1}. Mit steigender Temperatur nimmt die Inten-

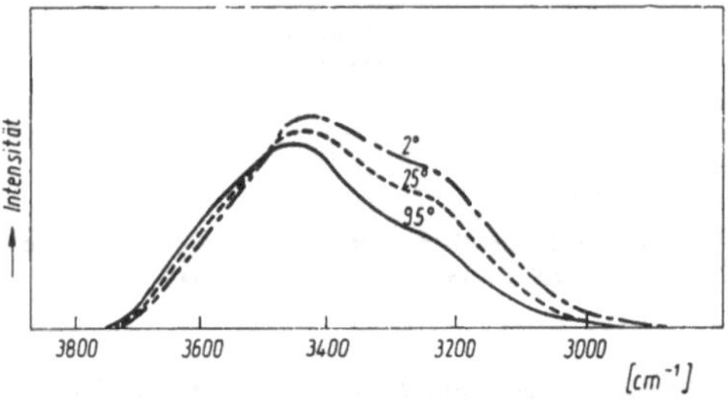

Abb. 59. Infrarotabsorption des Wassers im Grundschwingungsbereich bei verschiedenen Temperaturen

sität der höherfrequenten zu und die der niederfrequenten ab. Diese Befunde wurden von ihnen als eindeutiger Beweis für das Vorhandensein unterscheidbarer Teilchen betrachtet und damit für die Richtigkeit des Mischungs-Modells gewertet. SENIOR und VERALL [155] konnten die Vorstellungen von WALRAFEN durch Infrarotstudien an Lösungen von HDO in H_2O erhärten. Es gelang ihnen zu zeigen, daß sich mit zwei GAUSS-Banden bei 2650 und 2525 cm^{-1} die gemessene Infrarotabsorption gut darstellen läßt.

Auch das Auftreten isosbestischer Punkte in den Infrarotspektren sowohl im Grund- als auch Oberschwingungsbereich wird als beweiskräftiges Kriterium für das Vorliegen eines Gleichgewichts zwischen unterscheidbaren Teilchen gewertet. Abb. 59 zeigt den Einfluß der Temperatur auf die Infrarotabsorption des Wassers im Grundschwingungsbereich [156]. Auch im Gebiet der 1. Oberschwingungen treten isosbestische Punkte in Erscheinung, jedoch sind diese, wie aus Messungen von Luck [157] hervorgeht, weniger scharf ausgeprägt. Er untersuchte das Absorptionsverhalten bis hinein in den überkritischen Temperaturbereich. Aus den hieraus gewonnenen Erkenntnissen erhielt er in Verbindung mit energetischen Daten (Schmelzenthalpie des Eises und abgeschätzte Dispersionsenergie des flüssigen Wassers) für den Anteil freier also nicht gebundener OH-Gruppen in Wasser von 0 °C einen Wert von 9 bis 10%. Er erscheint sehr viel plausibler als die weitstreuenden und bedeutend höher liegenden älteren Werte anderer Autoren (Tab. 26).

Eine Näherungsbetrachtung führte schließlich zu der in Abb. 60 dargestellten grobquantitativen Abhängigkeit des Anteils an freien OH-Gruppen von der Größe der Cluster und schließlich zu einem wenn auch immer noch

Tabelle 26

Prozentualer Anteil nicht brückengebundener OH-Gruppen in Wasser

Methode	t [°C]	%	Autoren
Wärmekapazität	0	66	Eucken
Infrarotabsorption	0	60	Fox, Martin
Dichte	0	56	Grjotheim, Krogh-Moe
Raman-Streuung	26	50	Cross, Burnham, Leigthon
Strukturmodell	0	47	Nemethy, Scheraga
Viskosität	0	46	Ewell, Eyring
	0	46	Buiis, Choppin
Infrarotabsorption	0	38	Thomas, Scheraga, Schrier
(nahes Infrarot)	0	32	Goldstein, Penner
Ultraschallabsorption	0	32	Hall
Strukturmodell		28,5	Pauling
Röntgenbeugung	25	20	Danford, Levy
Dichte	0	18	Frank, Quist
Ultraschallabsorption	20	17,5	Nomoto
Infrarotabsorption (nahes Infrarot)	0	9–10	Luck
Raman-Streuung	0	10,5	Walrafen
Dielektrizitätskonstante	0	9	Haggis, Hasted, Buchanan

sehr idealisierten Strukturbild des Wassers, das der Wirklichkeit wahrscheinlich mehr entspricht als das frühere von NEMETHY und SCHERAGA [158]. Das von ihm vorgeschlagene Modell ist in Abb. 61 stark schematisiert wiedergegeben. Hierin sind die Sauerstoffatome durch

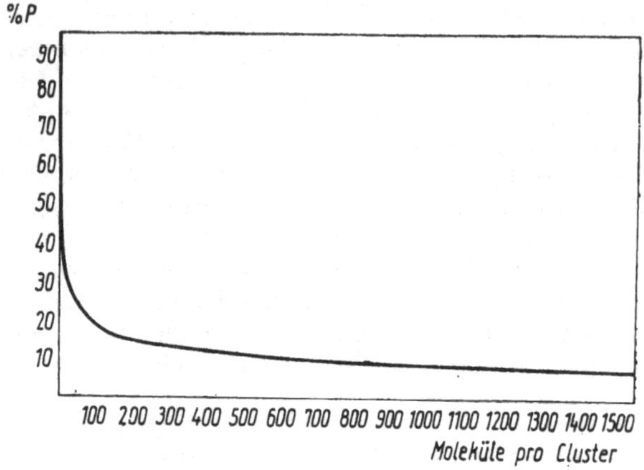

Abb. 60. Anteil freier OH-Gruppen in Abhängigkeit von der Clustergröße

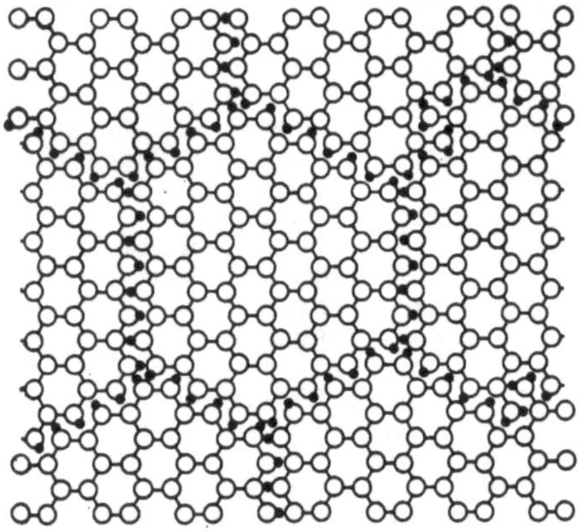

Abb. 61. Cluster-Struktur flüssigen Wassers bei 0°C nach LUCK [57].

offene Kreise, die brückengebundenen Protonen durch Striche und die freien ungebundenen Protonen durch ausgefüllte Kreise dargestellt. Unter der Annahme, daß sich die freien OH-Gruppen an den Oberflächen der Cluster befinden, ergab eine Abschätzung die in Tab. 27 wiedergegebene Temperaturabhängigkeit der Clustergröße.

Tabelle 27

Mittlere Clustergröße in H_2O (stark idealisiert)

t [°C]	Clustergröße
0	700
100	50
200	10
240	8
310	4
370	1–2

Nach Untersuchungen von Franck und Roth [159] zeigt im Grundschwingungsgebiet die Infrarotabsorption des in H_2O gelösten HDO bei mäßiger Temperatur eine sehr starke, jedoch oberhalb der kritischen Temperatur nur noch eine sehr schwache Temperaturabhängigkeit. Hieraus schlossen die Autoren, daß im Bereich überkritischer Temperaturen und Dichten unter 1 g/cm^{-3} die Wasserstoffbrücken zum größten Teil zerstört sind.

Auch wenn derzeitig für die Verfechter der Mischungsmodelle die experimentelle Basis stärker ist, haben die Anhänger der Kontinuums-Modelle in jüngster Zeit weitere Argumente gegen die Mischungsmodelle ins Feld geführt. Auf sie kann hier aber nicht näher eingegangen werden. Die kontroversen Vorstellungen lassen deutlich werden, daß die Strukturvorstellungen über den flüssigen Zustand des Wassers aus dem Blickfeld beider Modell-Betrachtungen noch sehr grob und keineswegs ausreichend sind zur Beschreibung der Eigenschaften des flüssigen Wassers. Ein künftiges, verfeinertes Modell wird wahrscheinlich die charakteristischen Merkmale sowohl der Mischungs- als auch der Kontinuums-Modelle in sich einschließen.

Wäßrige Mischsysteme

Beachtung fand auch die allgemein interessierende Frage, in welcher Weise die Struktur des Wassers durch die Gegenwart von Mischkomponenten beeinflußt bzw. verändert wird. Aufschlußreiche Ergebnisse erbrachten vor allem spektroskopische Studien.

Organische Lösungsmittel

Aus infrarotspektroskopischen Untersuchungen von CHOPPIN und Mitarbeitern [160] geht hervor, daß in den Spektren organischer mit Wasser gesättigter Lösungsmittel wie CCl_4, CS_2, $CDCl_3$ und CH_2ClCH_2Cl die OH-Valenzschwin-

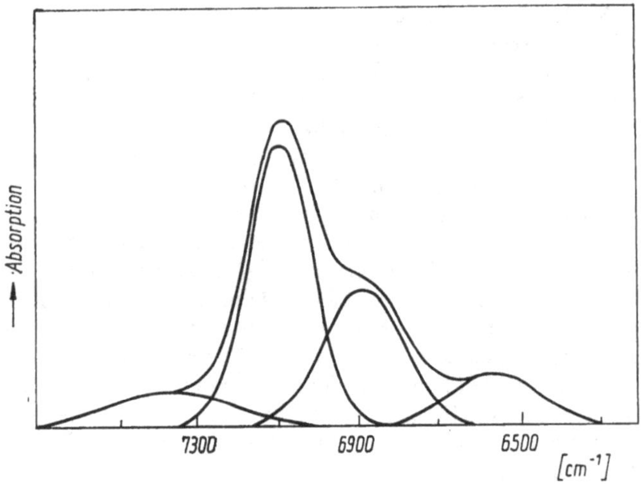

Abb. 62. Infrarotabsorption einer Lösung von Wasser in Aceton im Oberschwingungsbereich

gungsbande des Wassers im Obertonbereich ausgeprägte Rotationsstruktur zeigt. Dies spricht sehr eindeutig dafür, daß das Wasser in Form von Monomeren vorliegt. Polare organische Lösungsmittel wirken, auch in geringen Mengen, mehr oder weniger stark entassoziierend. Im Gebiet zwischen 7500 und 6000 cm^{-1} zeigen die Absorptionsspektren von Mischungen aus Wasser und Aceton bzw. Dioxan vier Banden unterschiedlicher Intensität. In Abb. 62 ist der separierte Bandenkomplex des Spektrums einer Lösung von Wasser in Aceton (Molenbruch 0,09) dargestellt [161]. Die Banden bei 7078 und 6852 cm^{-1} werden wahrscheinlich durch 1:1 Komplexe und jene bei 6509 cm^{-1} durch 1:2 Komplexe verursacht. Ihre Intensitäten sind konzentrations- und temperaturabhängig. Zu möglichen Strukturen lassen sie sich jedoch nicht zuordnen. Ungewiß bleibt auch, ob in Mischungen mit polaren organischen Flüssigkeiten ungebundene, d. h. einzelne Wassermoleküle vorhanden sind.

Elektrolyte

Elektrolytionen in Wasser besitzen die Fähigkeit, in ihrer Umgebung auf Wassermoleküle orientierend oder desorientierend zu wirken. Es kommt zur Ausbildung von Hydratationsbereichen, in denen der Ordnungszustand des Wassers erhöht oder erniedrigt ist. Ionen hoher Ladungsdichte, das sind vor allem kleine Kationen wie H^+, Li^+, Na^+ wirken strukturbildend, andere, wie K^+, Rb^+, Cs^+, Cl^-, Br^-, J^- dagegen strukturbrechend. In Abb. 63 ist für ein Ion hoher Ladungsdichte grob schematisch die Orientierung der Wassermoleküle dargestellt [162]. In der unmittelbaren Umgebung des Ions, in der sog. ersten Hydrationsschale, sind die Wassermoleküle viel unbeweglicher und geordneter als im normalen Wasser, was Strukturerhöhung bedeutet. Im Bereich der zweiten Hydrationsschale ist die Feldwirkung des Ions zwar wesentlich geringer, aber immer noch groß genug, um den Aufbau der charakteristischen Struktur des normalen Wassers zu verhindern. Dadurch wird ein Zustand verursacht, dessen Ordnung geringer ist als der in der ersten Schale, aber auch geringer als in normalem Wasser (Strukturerniedrigung). Die Veränderung der Wasser-

Abb. 63. Schematische Darstellung der Hydratation kleiner Ionen; *A* – erste Hydratationsschale, *B* – zweite Hydratationsschale (Strukturerniedrigung), *C* – Struktur wie im normalen Wasser

struktur durch gelöste Ionen wirkt sich mehr oder weniger deutlich im makroskopischen Verhalten aus. So können strukturbrechende Ionen in Lösungen nicht zu hoher Konzentration die Viskosität gegenüber der reinen Wasser merklich herabsetzen, was bedeutet, daß die durchschnitt-

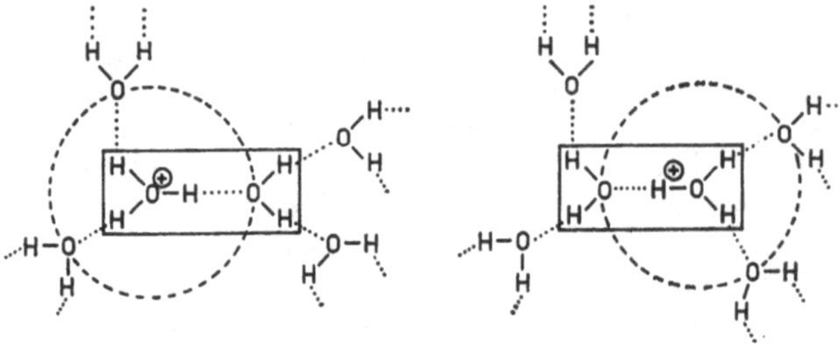

liche Größe der quasikristallinen Bereiche, d. h. der Cluster, erniedrigt wird.

In reinem Wasser sind bei Zimmertemperatur etwa 2 Moleküle von 10^9 dissoziiert. Das Wasserstoffion indessen ist nicht existent und bildet das außerordentlich stabile monohydratisierte H_3O^+-Ion (Hydroniumion), wie aus unterschiedlichen experimentellen, insbesondere

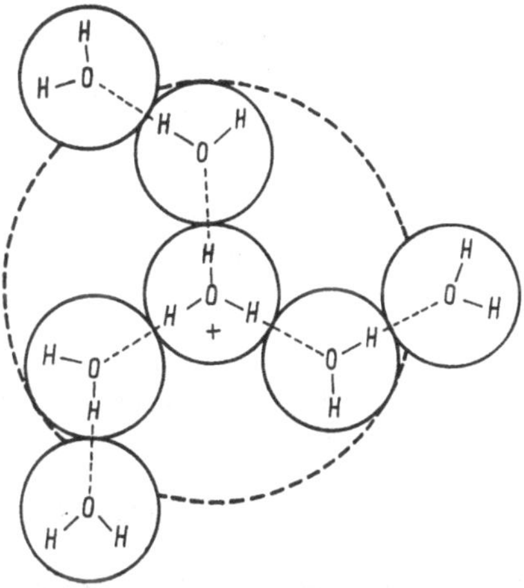

Abb. 64. Hydratation des Protons in wäßriger Lösung

spektroskopischen Untersuchungen hervorgeht. Die symmetrisch um das O-Atom angeordneten H-Atome vermögen mit weiteren H_2O-Molekülen die Komplexe $H_5O_2^+$ und $H_9O_4^+$ zu bilden; letzterer ist besonders stabil. Seit langem weiß man, daß Lösungen von Säuren, aber auch Basen, insbesondere wäßrige, im Infrarotbereich eine mehr oder minder ausgeprägte Kontinuumsabsorption zeigen. Von Wicke, Eigen und Ackermann wurde die Vermutung ausgesprochen, daß die Ursache hierfür in der freien Beweglichkeit des Überschußprotons im $H_9O_4^+$-Komplex zu suchen sei [163a]. In neuerer Zeit vermochten Weidemann und Zundel wesentlich genauere Vorstellungen über das Zustandekommen des Kontinuums zu gewinnen und zu zeigen, daß es durch fluktuierendes Tunneln des Überschußprotons in der H-Brücke des $H_5O_2^+$-Komplexes entsteht [163b]. Ihre Überlegungen führten zu folgendem mechanistischen Bild:

Der Übergang des Protons in der H-Brücke ist durch eine Potentialkurve mit symmetrischen Doppelminimum gekennzeichnet. Die Energieniveaus des tunnelnden Protons einer isoliert betrachteten H-Brücke sind aufgespalten, aber nicht verbreitert. Da Wasserstoffbrücken extrem stark polarisierbar sind, wird beim Tunneln ein beträchtlicher Feldeinfluß auf die Umgebung ausgeübt, was bedeutet, daß tunnelnde Protonen in H-Brücken, die sich in unmittelbarer Nachbarschaft befinden, miteinander koppeln. Die Stärke dieser Wechselwirkung hängt von der Entfernung und der gegenseitigen Orientierung der H-Brücken ab. Infolge statistischer Verteilung dieser Größen entsteht eine Vielzahl eng benachbarter Energieniveaus und bei genügend starker Wechselwirkung ein Energieband. Die Kopplungskräfte beim Tunneln des Überschußprotons sind also die Ursache für das Zustandekommen der Kontinuumsabsorption.

Da sich der Charakter des Kontinuums bei Zugabe von Wasser zu $H_5O_2^+$ nicht ändert, zogen WEIDEMANN und ZUNDEL den Schluß, daß das Überschußproton in den drei H-Brücken des $H_9O_4^+$-Komplexes nicht wie ursprünglich angenommen, gleiche Beweglichkeit besitzt, sondern in der H-Brücke des $H_5O_2^+$-Komplexes fluktuiert. Befindet sich das Überschußproton an einem der Sauerstoffatome des $H_5O_2^+$-Komplexes, ist dieses gleichzeitig das Zentrum eines $H_9O_4^+$-Komplexes. Demnach würde, wie das nachstehende Formelbild verdeutlicht, das $H_9O_4^+$-Ion zwischen den entsprechenden Sauerstoffatomen der $H_5O_2^+$-Gruppen fluktuieren, wenn das Proton innerhalb der H-Brücke fluktuiert.

(Siehe unteres Formelschema S. 186.)

7. Wasserstoffbrücken in biologischen Systemen

Schon vor Jahrzehnten hat PAULING darauf hingewiesen, daß „*die physiologische Bedeutung der Wasserstoffbrückenbindung größer ist als die jeder anderen Struktureigenschaft*". Bisher gewonnene Erkenntnisse haben dies vollauf bestätigt. Sie beruhen vor allem auf Studien über die Struktur biologischer Systeme mit Hilfe der Röntgen- und Neutronenstrahlbeugung sowie der Infrarotspektroskopie; hinzu gekommen sind in jüngster Zeit die Ergebnisse aus Relaxationsuntersuchungen. Für den Aufbau biologischer Strukturen und ihre Umwandlungen unter Normalbedingungen bieten die statischen und dynamischen Eigenschaften der H-Brücken ideale Voraussetzungen. Sie tragen in hohem Maße dazu bei, daß viele biologisch wichtige Reaktionen stereospezifisch, schnell und reversibel verlaufen. Zu den wichtigsten Bausteinen der lebenden Zellen des Tier- und Pflanzenreichs gehören die Proteine und die Nucleinsäuren sowie die Kohlehydrate. Welche Rolle in der Bildung ihrer Strukturen die Wasserstoffbrücken spielen, sei in sehr gedrängter Form an einigen besonders herausragenden Beispielen gezeigt.

Proteine

In allen Erscheinungsformen der lebenden Welt spielen die Proteine eine grundlegende Rolle. Infolge ihrer außerordentlich vielgestaltigen Strukturen und der dadurch bedingten sehr unterschiedlichen Eigenschaften vermögen sie die mannigfaltigsten Funktionen auszuüben. Sie bestehen aus einer oder mehreren Polypeptiden. Diese sind langkettige Gebilde, in denen α-Aminosäuren durch Kondensation miteinander verknüpft sind. Spezifisches Merkmal ist die kovalente Peptid-Bindung —CO—NH—. Sie besitzt partiellen Doppelbindungscharakter, was behinderte Rotation bedeutet. Durch die mehr oder weniger freie Rotation um alle Bindungen der Kette können sich zahlreiche Konformationen bilden. Von ihnen zeichnen sich bestimmte durch besondere Stabilität aus. Diese Stabilität wird in erster Linie durch die Ausbildung von N—H···O-Brücken erzielt. Welche der Konformationen bevorzugt sind, hängt weitgehend von den Seitenketten der die Polypeptide aufbauenden α-Aminosäuren und von den äußeren Bedingungen ab. Zu den stabilsten gehören jene, die die größtmöglichste Zahl von H-Brücken zwischen den Imino- und Carbonylgruppen ermöglichen. Be-

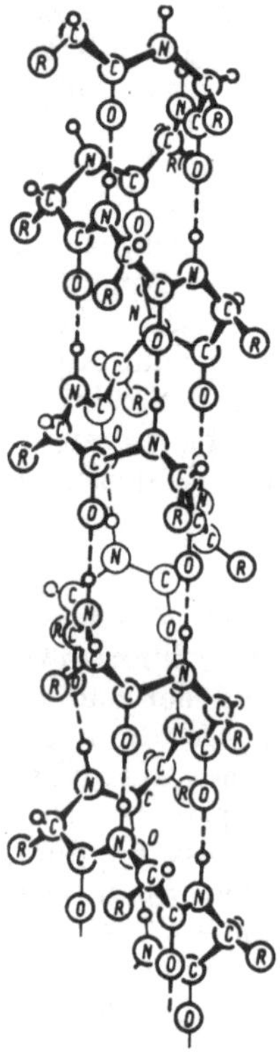

Abb. 65. α-Helix-Struktur einer Polypeptidkette

sonders stabil sind schraubenförmige Anordnungen, die Helix-Strukturen. PAULING und Mitarbeiter diskutierten zwei Helix-Strukturen [164]. Die eine, auch γ-Helix genannt, ist ohne Bedeutung, da sie keine dichteste Atompackung ermöglicht und demzufolge ziemlich instabil sein muß. Sie ist bisher auch nicht nachgewiesen worden. Die andere, die α-Helix, ist die stabilere und spielt eine besonders wichtige Rolle im strukturellen Aufbau der Proteine. In ihr sind Wasserstoffbrücken zwischen jeder Iminogruppe und der jeweils drittnächsten Carbonylgruppe ausgebildet (Abb. 65).

Sie liegen weitgehend parallel zur Spiral-Achse, sind wahrscheinlich linear und haben eine Länge von 2,72 Å (Stickstoff-Sauerstoff-Abstand). Die Seitenketten der α-Aminosäure-Bausteine befinden sich im Außenbereich der Helix-Struktur, sind also von der Schraubenachse weggerichtet.

Die Stabilisierung kann aber auch durch Wasserstoffbrücken zwischen benachbarten Polypeptidketten erfolgen. Diese behalten dann weitgehend ihre Linearität, jedoch kommt es infolge der Sperrigkeit der Seitenketten zur Ausbildung von Faltblattstrukturen. Hier lassen sich zwei Anordnungen unterscheiden, eine Faltblattstruktur mit parallelen, d. h. gleichsinnig verlaufenden Ketten und eine andere, in der die Ketten antiparallel, also gegensinnig angeordnet sind [165] (Abb. 66a und b).

Beide unterscheiden sich nicht nur in der Orientierung der H-Brücken in Bezug auf die Kettenrichtung, sondern auch im Abstand der Ketten zueinander. Im ersten Fall beträgt er 6,5 Å, im zweiten dagegen 7,0 Å.

Bei den meisten Proteinen sind die Strukturen wesentlich komplizierter und weniger übersichtlich. Röntgenstrahl-Strukturuntersuchungen an einigen geknäulten Proteinen, wie Hämoglobin, Myoglobin oder Lysozym haben ergeben, daß bestimmte Segmente der Peptidkette Helix-Struktur besitzen, daß aber auch Bereiche mit Faltblattstruktur auftreten. In Abb. 67 ist schematisch dargestellt der Aufbau des Lysozyms, eines Enzyms, das

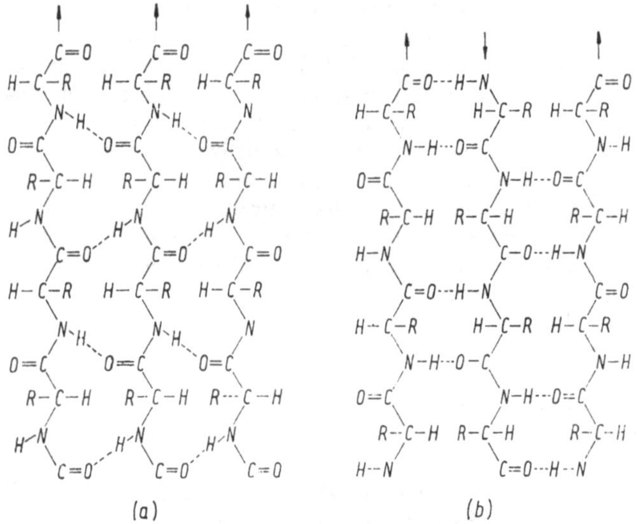

Abb. 66. Faltblattstrukturen von Polypeptidketten [C]

a — parallel verlaufende Ketten, b — antiparallel verlaufende Ketten

die Spaltung von Polysacchariden katalysiert [166]. Das Molekül hat in grober Näherung die Gestalt eines Ellipsoids. Die Zahlen in der Zeichnung beziehen sich auf die Numerierung der Kettenglieder (Aminosäurereste). Die Teile der Polypeptidkette, die in Helix-Anordnung vorliegen, sind durch Schraffierung hervorgehoben. Sie machen etwa 40% der Gesamtkette aus. Im Bereich der Glieder 41—54 ist die Ausbildung einer Faltblattstruktur sichtbar. Die schraffierten Rechtecke bedeuten Disulfidbindungen zwischen Cysteinresten. Von besonderer Bedeutung ist die Feststellung, daß sich alle größeren nichtpolaren Seitenketten im inneren und nahezu alle ionisierten und polaren im äußeren Teil der verknäuelten Kette befinden. Da die Proteine, welche Funktionen sie auch ausüben, Bestandteile wäßriger Systeme sind, kann die Stabilisierung

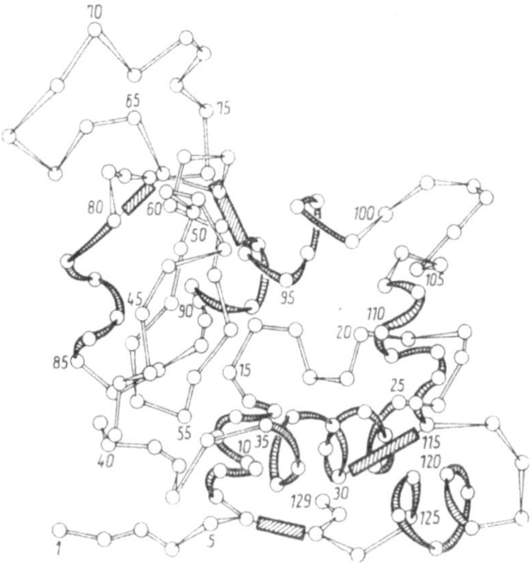

Abb. 67. Tertiär-Struktur des Lysozyms [166]

der jeweiligen Konformation oder Konfiguration nicht allein durch die Ausbildung von H-Brücken verursacht sein, da Wasser außerordentlich stark entassoziierend wirkt. Es wurde daher schon vor längerer Zeit die Vermutung ausgesprochen, daß in den großen Molekülen in erheblichem Maße auch hydrophobe Wechselwirkungen, d. h. Anziehungen zwischen unpolaren Molekülresten zur Stabilisierung beitragen. Löslichkeitsuntersuchungen an geeigneten Modellsystemen haben diese These sehr stark gestützt.

Die Bildung hydrophober Bindungen ist kein Prozeß zur Erzielung einer besseren Energiebilanz, sondern hauptsächlich ein Vorgang, günstigere Entropieverhältnisse zu erreichen. In der Umgebung einer hydrophoben Gruppe zeigen die Wassermoleküle einen bestimmten Ordnungszustand. Gehen zwei unpolare Gruppen eine hydrophobe Bindung ein, so verringert sich der Ordnungsgrad des Wassers. Das bedeutet Zunahme der Entropie und damit Erzeugung negativer freier Enthalpie gemäß $\Delta G = \Delta H - T\Delta S$. Als treibende Kraft für das Zustandekommen hydrophober Bindungen gilt also die Entropieänderung oder genauer die Entropiezunahme des Systems.

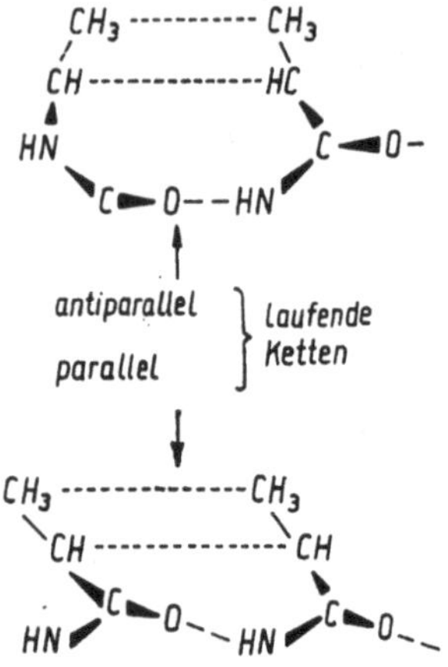

Abb. 68. Wasserstoffbrücken und hydrophobe Bindungen zwischen Peptidketten (in Faltblattstrukturen) [167]

Besonderes Augenmerk schenkten dieser Frage neben anderen Autoren besonders NEMETHY und SHERAGA [167]. In Abb. 68 ist das Zusammenwirken von Wasserstoffbrücken und hydrophoben Wechselwirkungen veranschaulicht. Von besonderer Bedeutung sind die hydrophoben Wechselwirkungen in den komplizierten, häufig globularen Strukturen der Polypeptidketten (Tertiärstruktur). Hier verhalten sich die Seitenketten wie Öl, d. h. sie lagern sich einander an und pressen die Wassermoleküle aus dem zunächst noch losen Knäuel der Peptidkette heraus, wodurch dieser kompakter und stabiler wird. Diejenige Konformation ist bevorzugt, die die meisten Wassermoleküle ausschließt. Das kooperative

Zusammenspiel von Wasserstoffbrücken und hydrophoben Wechselwirkungen (nonkovalente Wechselwirkung) ermöglicht somit eine recht stabile Konfiguration, die eine ganz bestimmte Oberflächenstruktur besitzt. Sie ist

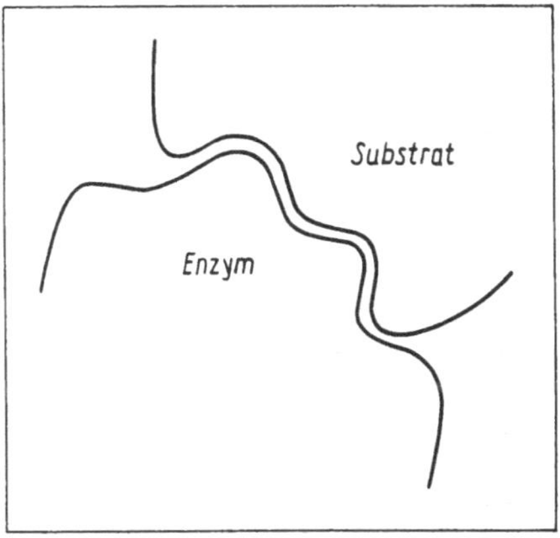

Abb. 69. Komplementäre Oberflächen stereospezifischer Enzym-Substrat-Komplexe (schematisch)

wesentlich für das selektive katalytische Verhalten der Enzyme. Besteht Komplementarität zwischen Teilchen der Oberfläche des Enzyms und der Oberfläche der Substrat-Moleküls, so kommt es durch die nonkovalenten Wechselwirkungen zur Ausbildung stereospezifischer Komplexe (Abb. 69). Ihre Bildung und ihr Zerfall erfolgen mit großer Geschwindigkeit. Dies ist Voraussetzung für die hohe spezifische Aktivität der Enzyme. Hieraus ist zu ersehen, daß sie in der Lage sind, Strukturen von hoher Ordnung aufzubauen. Sie verfügen somit über die Eigenschaft einer Erkenntnisfunktion im Sinne des MAXWELL-BRILLOUINschen Dämons. Diese Erkenntnisfunktion bedeutet Erzeugung negativer Entropie (Negentropie); der damit verbundene Energieverbrauch geht zu Lasten des chemischen Potentials des Systems [168].

Infolge der nur kleinen sich annähernd additiv zusammensetzenden Wechselwirkungsenergien sind die Konfigurationsgebilde empfindlich gegenüber äußeren Bedingungen. Geringe Temperatur-, pH- oder Lösungsmitteländerungen können zu raschen, reversiblen Konformationsumwandlungen führen. Besonders eingehend untersucht wurde in den vergangenen Jahren die reversible Umwandlung zwischen der α-Helix-Struktur und der willkürlichen Verknäuelung von Peptidketten (helix-coil-transition). Sie kann als besonders geeignetes Modell für das Verständnis kooperativer struktureller Umwandlungen von komplizierten biologischen Systemen angesehen werden. Charakteristisch ist für die Helix-Coil-Umwandlung der enge Temperatur- bzw. pH-Bereich, in der sie erfolgt. Aus Messungen des Zirkulardichroismus verdünnter Lösungen von Poly-L-ornithin weiß man, daß beim pH zwischen 11,2 und 11,3 die Hälfte des gesamten Poly-L-ornithins in Helix-Struktur vorliegt, und der Helix-Gehalt schon bei geringer Veränderung des pH-Wertes nach unten stark abnimmt [169]. Wie Ultraschall-Relaxationsmessungen im Frequenzbereich zwischen 10 und 165 MHz an den gleichen Lösungen ergeben haben, handelt es sich um einen einfachen Relaxationsprozeß [170]. Der Maximalwert der chemischen Absorption μ_m liegt beim pH 11,25. Hieraus folgt, daß der beobachtete Relaxationsprozeß direkt mit der Kinetik der Helix-Coil-Gleichgewichtseinstellung verknüpft ist. Die Umwandlung erfolgt nach einem Zeitgesetz 1. Ordnung. Die Geschwindigkeit der Bildung eines Helix-Elementes am Ende eines bereits vorliegenden Helixabschnittes beträgt $7{,}4 \cdot 10^{-10}$ sec.

Nucleinsäuren

Die Nucleinsäuren stellen unverzweigte langkettige Gebilde dar, die aus vier unterschiedlichen in bestimmter Sequenz angeordneten Nucleotiden aufgebaut sind. Jedes Nucleotid besteht aus Phosphorsäure, Desoxyribose bzw. Ribose und einer der vier Nucleinbasen A = Adenin, T =

Thymin bzw. *U* = Uracil, *G* = Guanin sowie *C* = Cytosin. Die Nucleinsäuren in den Zellkernen enthalten als Zucker vorwiegend Desoxyribose, jene des Zellplasmas Ribose. Erstere werden kurz *DNS* (Desoxyribonucleinsäuren), letztere *RNS* (Ribonucleinsäure) genannt. In den *RNS*-Ketten ist im Unterschied zu den *DNS*-Ketten die Base *T* durch die Base *U* ersetzt. Nachstehendes Strukturbild zeigt die Art der Verknüpfung der Nucleotide in der

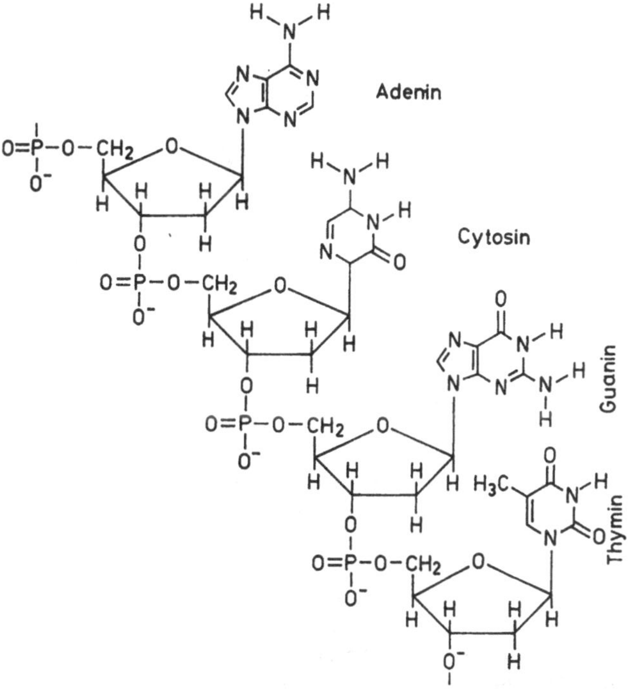

Kette [C]. Die *DNS*-Ketten existieren gewöhnlich nicht als Einzelfäden. Zwei gleichartige, gegenläufig angeordnete Ketten werden spiralförmig durch quer zur Längsachse zwischen den Basen liegende H-Brücken zusammengehalten. Herausragendes Merkmal ist die Tatsache, daß

Wasserstoffbrücken immer nur zwischen einer Purin- und einer Pyrimidin-Base, und zwar zwischen *A* und *T*, bzw. *G* und *C* bestehen. Dadurch wird ein sehr gleichmäßiger Abstand zwischen den beiden Strängen in der Doppelspirale (α-Doppelhelix nach Watson und Cricks) gewährleistet [171]. Veranschaulicht wird dies auch durch das nachstehend wiedergegebene etwa dimensionsgerechte Strukturbild [172].

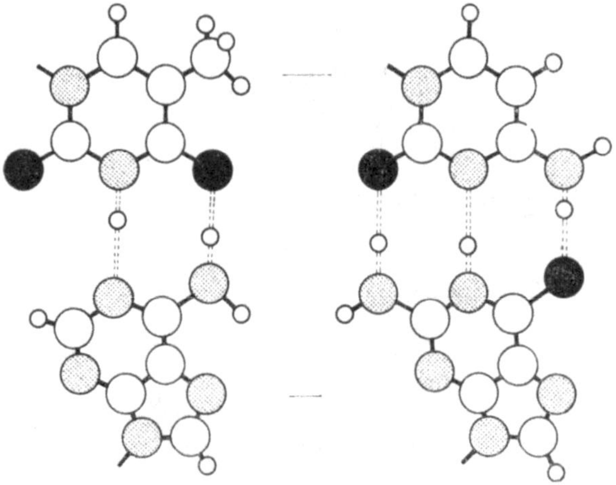

Die beiden durch Wasserstoffbrücken verknüpften Stickstoffbasen sind also miteinander komplementär und damit auch die Polynucleotidketten. Die DNS ist der Träger der genetischen Information. Er ist festgelegt durch die Anordnung der Basen längs der Kette. Weitergegeben wird die in dieser Weise gespeicherte Information durch den Replikationsprozeß (identische Reproduktion). Dies geschieht auf folgendem Weg. Am Ende der Doppelspirale kommt es zur Aufspreizung (Abb. 70). In unmittelbarer Nachbarschaft zu den freien Ketten befinden sich aber freie Nucleotide. Diese werden auf dem Wege über die Bildung von Wasserstoffbrücken zwischen den komplementären Basen angelagert und durch spezifisch wirkende Enzyme miteinander verknüpft. Dieser Prozeß durchläuft die ganze Kette, schließlich liegen zwei identische Doppelhelix-Strukturen vor, in denen der eine

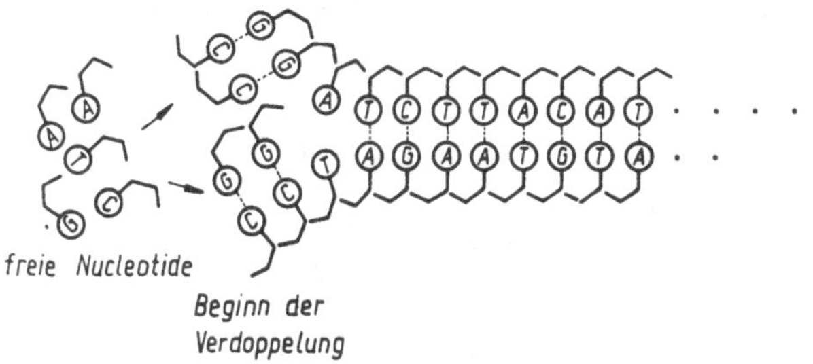

Abb. 70. Komplementäre Basen in der α-Doppelhelix
entnommen: WEIDEL: „*Virus und Molekularbiologie*," Springer-Verlag, Berlin—Göttingen—Heidelberg 1964

Faden alt und der andere komplementäre neu ist. Aus Relaxationsuntersuchungen ließ sich abschätzen, daß die Replikationsgeschwindigkeit etwa 10^4 Nucleotide/sec beträgt [173]. Da die Nucleinsäurefäden in der Doppelhelix je nach Art des genetischen Objektes zwischen 10^5 und 10^8 Nucleotide enthalten, wird für die Replikation eine Zeit zwischen einigen Sekunden und mehreren Minuten benötigt. Diese Informationsverdopplung geschieht z. B. bei der Zellteilung. Hierdurch werden beide Kerne mit dem vollständigen Code versehen.

Große Aufmerksamkeit wurde der Frage geschenkt, in welcher Weise die komplementären Basen in der Doppelhelix durch H-Brücken verknüpft sind. Aus bisherigen Befunden unterschiedlicher Untersuchungen wird allgemein geschlossen, daß im WATSON-CRICK-Modell die $A-T$-Paare durch zwei, die $G-C$-Paare durch drei H-Brücken verbunden sind. Ernsthaft diskutiert worden ist für das $A-T$-Basenpaar auch ein von HOOGSTEEN [174] vorgeschlagenes Modell, in dem die Brücken geringfügig kürzer sind, aber nicht parallel liegen. Es unterscheidet sich, wie aus den nachstehend wiedergegebenen Strukturbildern zu ersehen ist, vom WATSON-CRICK-Modell dadurch, daß nicht das Stickstoffatom 1 des Adenins, sondern das Stickstoffatom 3 als Akzeptor fungiert. In beiden Modellen ist die Wechselwirkungsenergie, wie quantenmechanische Berechnungen ergeben haben, annähernd gleich.

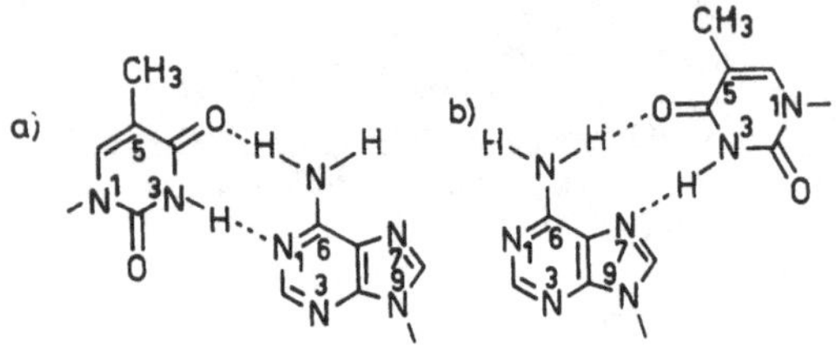

A—T Paare: a) Watson-Crick, b) Hoogsteen

Aus der Sicht neuerer Erkenntnisse verdichtet sich die Vorstellung, daß an der Stabilität der α-Doppelhelix auch hydrophobe Wechselwirkungskräfte eine nicht geringe Rolle spielen.

Beim Replikationsprozeß kann es auch zu Fehlern kommen, deren Ursachen unterschiedlicher Natur sind und die zur Mutation, d. h. zur Änderung der genetischen Information führen. Charakteristisch für die Stickstoffbasen ist ihre Fähigkeit, tautomere Formen zu bilden, wie dies nachstehend für Adenin und Thymin dargestellt ist.

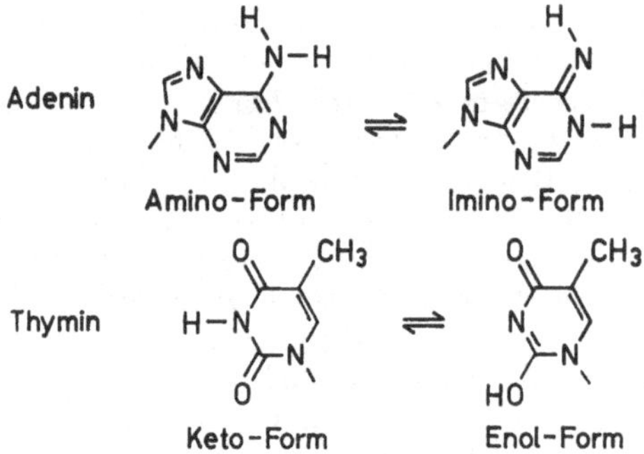

Liegen die Basen während der Replikation nicht in ihrem Normalzustand, sondern in der entsprechenden tautomeren Form vor, so kommt es zwischen den Nucleotiden nicht zur spezifischen Paarbildung, sondern zur Mißpaarbildung, zur Bildung der Paare $A-C$ und $G-T$. Auslösende Medien werden als Mutagene bezeichnet. Hierzu zählen auch ionisierende Strahlen. Über ihre Wirkung bestehen heute plausible quantenmechanische Vorstellungen. Aus experimentell bestimmten H-Brückenlängen in Purin-Pyrimidin-Komplexen kann geschlossen werden, daß die Potentialkurve für die Bewegung des Protons zwischen den Basen ungleiche Minima besitzt, die durch eine relativ hohe Potentialschwelle getrennt sind. Überwunden wird sie nur, wenn die erforderliche Aktivierungsenergie zur Verfügung steht. Das Proton kann aber auch tunneln. Quantenmechanische Berechnungen haben ergeben, daß, wenn sich das Basenpaar im Grundzustand befindet, die Wahrscheinlichkeit für das Tunneln jedoch sehr gering ist. Liegt es aber im elektronisch angeregten Zustand oder ionisiert vor, ist die Wahrscheinlichkeit ziemlich groß. Die Zeit des Tunnelns hängt sehr stark von der Höhe der Energiebarriere und von der Tunnelierungsstrecke ab. Sie kann extrem kurz sein, aber auch kosmische Zeiten annehmen. Die Aufnahme von Strahlungsenergie führt also auf diesem Wege zur Bildung tautomerer Formen und damit zu Mutation, was Änderung der genetischen Information bedeutet [175].

Nucleinsäuren sind nicht nur Träger der Erbanlagen, sie vermitteln auch die Proteinsynthese. Während der Evolution biologischer Systeme ist es nicht gelungen, ein Verfahren zur direkten Replikation der Polypeptidkette zu entwickeln. Die Natur geht daher den Umweg über die Nucleinsäuren. In den Grundzügen nimmt die Synthese der Proteine folgenden Verlauf [176]. Zunächst spaltet die *DNS*-Doppelhelix über eine bestimmte Länge auf. An den freien Nucleinsäurefäden wird dann eine zu ihr komplementäre Ribosenucleinsäurekette aufgebaut (Abb. 71). Sie trennt sich von der *DNS*, wandert ins Zellplasma und tritt mit einem Teil der Zelle zum Ribosom zusammen. Hier findet die Proteinsynthese statt. Die

RNS übernimmt somit bestimmte Informationen der *DNS*, sie enthält also den Plan für den Aufbau der Polypeptidketten. Sie wird Messenger-*RNS* (*mRNS*) genannt. Die Übersetzung der Information aus einer Schrift der aus vier Buchstaben (Zahl der Nucleinbasen) in eine

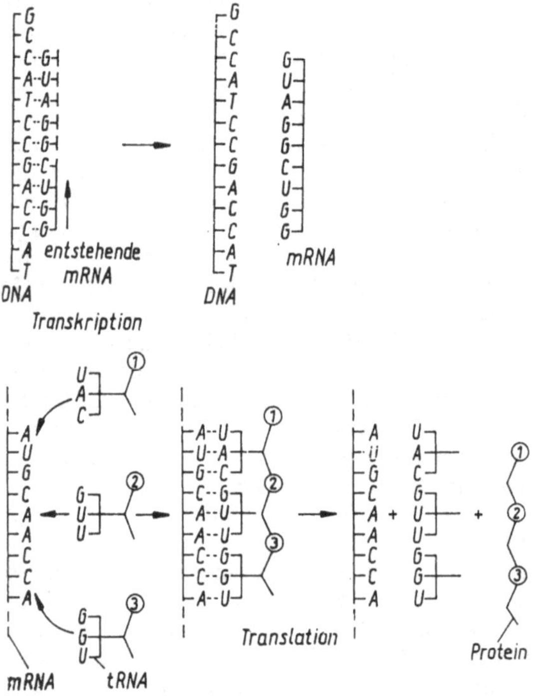

Abb. 71. Genetischer Apparat der Proteinsynthese
a) oben: Transskription, b) unten: Translation

Schrift aus 20 Buchstaben (Aminosäuren) geschieht mit Hilfe der Transfer-*RNS* (*tRNS*). Die *tRNS* wird an anderer Stelle der *DNS* gebildet. Der Code für die Eiweißsynthese ist in der *mRNS* durch jeweils drei Basen festgelegt, sie werden Codons genannt. Auf folgendem Wege erfolgt die Translation. Jede der *tRNS*-Moleküle bindet eine ganz bestimmte Aminosäure und nimmt dann eine individuelle Tertiärstruktur ein, in der bestimmte Tripletts charakteristisch sind. Sie verhalten sich komplementär zu den Codons und heißen Anticodons. Durch sie wird die Information auf der *mRNS* abgelesen. Sie treten mit den komplementären Basen über H-Brücken in Kontakt. Unter dem Einfluß bestimmter Enzyme (Synthetasen) erfolgt dann die kovalente Verknüpfung zu den Polypeptidketten. Darauf schließt sich die Freisetzung des Proteins, der *tRNS* und der *mRNS* an.

Kohlenhydrate

Mit großer Wahrscheinlichkeit werden auch die Strukturen der Kohlehydrate wesentlich durch die Ausbildung von H-Brücken mitbestimmt. Unlängst vermochten Anderson und Mitarbeiter [177] zu zeigen, daß zumindest bestimmte Polysaccharide in der Doppelhelixstruktur vorliegen.

H-Brücken und pharmakologische Wirkungen

Es besteht die nicht ganz unbegründete Vermutung, daß die pharmakologische Wirkung bestimmter Medikamente zumindest partiell auf der Änderung der Zahl von H-Brücken in konformativen Strukturen des Nervensystems beruhen. Sandorfy und Mitarbeiter [178] beobachteten eine auffällige Parallelität zwischen der anästhetischen Potenz und der entassoziierenden Wirkung einer Reihe Chlor, Brom oder Jod enthaltender Fluoralkanverbindungen. Untersucht wurde das Assoziationsverhalten von Aminen und Amiden, von Alkoholen und Phenolen sowie Pyrrol und Indol in unterschiedlichen Systemen dieser Lösungsmittel. In Abb. 72 ist am Beispiel des N-Methylpivalamid die besonders stark entassoziierende Wirkung des Halothans ($CF_3/CHClBr$) veranschaulicht. Die Assoziation dieses Amids erfolgt durch Bildung von NH···OC-Brücken. Während in der 1:1 Mischung aus CCl_3F und Methylcyclohexan die Assoziatbande bei

3400 cm^{-1} sehr deutlich, insbesonders bei —80 °C, ausgeprägt ist, erscheint sie bei Verwendung von Halothan als Mischkomponente gerade eben noch angedeutet, die ent-

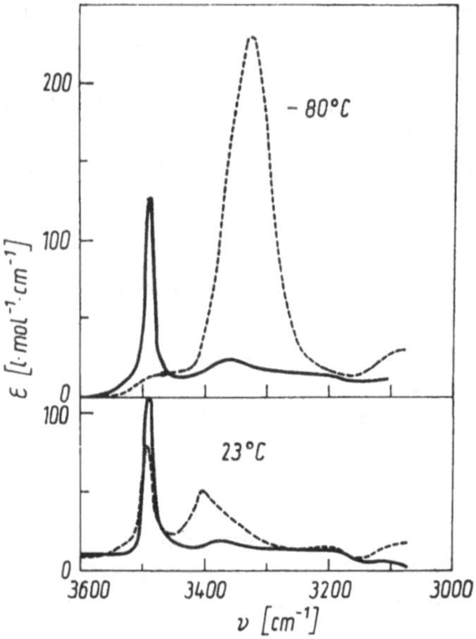

Abb. 72. Infrarotabsorption einer Lösung von N-Methylpivalamid (0,048 mol · l^{-1}) in einer 1:1 Mischung von
——— $CClF_3$ und $CF_3CHClBr$ (Halothan)
– – – $CClF_3$ und $C_6H_{11}CH_3$ (Methylcyclohexan)

sprechende Bande der Monomeren bei 3490 cm^{-1} tritt dagegen sehr stark hervor. Systematische Untersuchungen ergaben, daß perfluorierte Kohlenwasserstoffe kaum, Chlor enthaltene Fluoralkane wenig, jedoch Brom und Jod enthaltende stark entassoziierend wirken. Moleküle, die noch ein H-Atom besitzen, wie CF_3CHCl_2 und $CF_3CHClBr$ (Halothan), zeigen die größte Wirkung. Charakteristisch für diese Halogenverbindung ist ihre mehr oder weniger starke Fähigkeit, anästhetisierend zu wirken. Sie verläuft in augenfälliger Weise parallel mit dem Vermögen, H-Brücken zu spalten. Dieser Befund spricht sehr deutlich dafür, daß die Wirkung der Anästhetika auf Konformationsänderungen in den Strukturen der Nervensysteme beruht, bei denen die Lösung von H-Brücken wahrscheinlich eine nicht unwesentliche Rolle spielt.

8. Ausblick

In der Erforschung des Wesens und der Eigenschaften der Wasserstoffbrückenbindung sind im Verlauf der beiden letzten Jahrzehnte bedeutende Fortschritte erzielt worden. Quantenchemische Berechnungen trugen im hohen Maße zum Verständnis der Natur dieser spezifischen Art zwischenmolekularer Wechselwirkungen bei. Durch sie, insbesondere auch durch solche mit halbempirischen Methoden lassen sich in absehbarer Zukunft sicher weitere detaillierte Erkenntnisse gewinnen. Auch die Charge-transfer-Theorie verspricht vertiefende und verallgemeinernde Vorstellungen. Systematische spektroskopische Untersuchungen an verschiedenartigen Wasserstoffbrücken-Komplexen haben wesentlich das Wissen über die Donator- und Akzeptor-Eigenschaften bereichert. Forschungen dieser Art befinden sich in vollem Fluß und versprechen ein genaueres Bild über korrelative Beziehungen zwischen spezifischen Bindungseigenschaften. Leistungsfähige Spektrometer für den Spektralbereich des fernen Infrarots ermöglichen jetzt ein erfolgreiches Studium der Brückenschwingung selbst. Hieraus sind auch genauere Informationen über die Struktur der Assoziate zu erhoffen. Wohl den bedeutendsten Fortschritt erbrachten die Untersuchungen über die dynamischen Eigenschaften der Wasserstoffbrücken mit Hilfe der modernen Relaxationsverfahren. In Verbindung mit bereits vorliegenden umfassenden Ergebnissen über die statischen Eigenschaften erlauben sie einen tiefen Einblick in den Aufbau von Strukturen biologischer Systeme und in den Mechanismus ihrer Umwandlungen.

9. Literatur

Monographien

A) D. Hadzi (Ed.): „*Hydrogen Bonding*", Pergamon Press, New York 1959

B) G. C. Pimentel, A. L. McClellan: „*The Hydrogen Bond*", Freeman & Co, San Francisco 1960

C) S. N. Vinogradov, R. H. Linnell: „*Hydrogen Bonding*", Van Nostrand, New York 1971

D) M. D. Joesten, L. J. Schaad: „*Hydrogen Bonding*", Marcel Dekker Inc., New York 1974

E) P. Schuster, G. Zundel, C. Sandorfy (Eds.): „*The Hydrogen Bond*" (3 Bde.), Elsevier, Amsterdam 1976

Übersichtsberichte

a) C. G. Cannon: „*The nature of hydrogen bonding — a revieu of published work and discussion*", Spectrochim. Acta **10**, 341 (1958)

b) E. Lippert: „*Wasserstoffbrückenbindung und magnetische Protonenresonanz*", Ber. Bunsenges. **67**, 267 (1963)

c) S. Bratoz: „*Electronic theories of hydrogen bonding*", Advances in Quantum Chemistry **3**, 209 (1967)

d) A. S. N. Murthy, C. N. R. Rao: „*Spectroscopic studies of the hydrogen bond*", Applied Spectroscopy Reviews **2**, 69 (1968)

e) J. N. Murell: „*The hydrogen bond*", Chemistry in Britain **5**, 107 (1969)

f) A. S. N. Murthy, C. N. R. Rao: „*Recent theoretical studies of the hydrogen bond*", J. Mol. Struct. **6**, 253 (1970)

g) J. C. Davis, K. K. Deb: „*Analysis of hydrogen bonding and related association equilibria by NMR*", Advances Magn. Resonance **4**, 201 (1970)

h) G. C. Pimentel, A. L. McClellan: „*Hydrogen bonding*", Annual Reviews of Physical Chemistry **22**, 347 (1971)

i) C. SANDORFY: „*Anharmonicity and hydrogen bonding — a review*", Can. J. Spectroscopy **17**, 24 (1972)
j) P. A. KOLLMAN, L. C. ALLEN: „*The theory of the hydrogen bond*", Chem. Reviews **72**, 283 (1972)
k) P. SCHUSTER: „*Neuere Ergebnisse aus der Theorie der Wasserstoffbrücken und Protonenübergänge*", Z. Chem. **13**, 41 (1973)
l) A. WITKOWSKI, M. WOJCZIK: „*Infrared spectra of hydrogen bond — a general theoretical model*", Chem. Reviews **1**, 9 (1973)
m) G. GEISELER: „*Neuere Erkenntnisse über die Natur und Eigenschaften der Wasserstoffbrückenbindung*", Z. Chem. **15**, 417 (1975)

Originalarbeiten

[1] W. M. LATIMER, W. H. RODEBUSH, J. Amer. Chem. Soc. **42**, 1419 (1920)
[2] B. I. STEPANOV, Nature **157**, 808 (1946)
[3] C. A. COULSON, G. N. ROBERTSON, Proc. Roy. Soc. London **A 342**, 289 (1975)
[4] R. J. JAKOBSEN, Y. MIKAWA, J. W. BRASCH, Nature **215**, 1071 (1967)
[5] J. J. PERON, C. BOURDERON, C. SANDORFY, Chem. Phys. Letters **33**, 212 (1975)
[6] siehe Lit. i).
[7] W. A. P. LUCK, W. DITTER, J. Mol. Struct. **1**, 261 (1967)
[8] G. J. BOOBYER, W. J. ORVILLE-THOMAS, Spectrochim. Acta **22**, 147 (1966)
[9] siehe Lit. B)
[10] H. TSUBOMURA, J. Chem. Phys. **24**, 927 (1956)
[11] J. P. HAWRANEK, L. SOBCZYK, Acta Phys. Polon. **A 59**, 639 (1971)
[12] W. A. P. LUCK, W. DITTER, Ber. Bunsenges. **72**, 365 (1968)
[13] C. BOURDERON, J.-J. PERON, C. SANDORFY, J. Phys. Chem. **76**, 864 (1972)
[14] K. SZCZEPANIAK, W. J. ORVILLE-THOMAS, J. C. S. Farad. Trans. II **70**, 1175 (1974)
[15] J. G. KIRKWOOD, J. Chem. Phys. **7**, 911 (1939); E. BAUER, M. MAGAT, J. Phys. Radium **9**, 319 (1938)
[16] A. D. BUCKINGHAM, Proc. Roy. Soc. **A 248**, 169 (1958); A 255, 32 (1960); Trans. Farad. Soc. **56**, 753 (1960)
[17] G. L. CALDOWS, H. W. THOMPSON, Proc. Roy. Soc. **A 254**, 1 (1960)

[18] L. J. BELLAMY, H. E. HALLAM, R. L. WILLIAMS, Trans. Farad. Soc. **54**, 1120 (1958)
[19] H. E. HALLAM, in: M. DAVIES (Ed.) „Infrared Spectroscopy and Molecular Structure“ Amsterdam 1963, S. 405
[20] L. J. BELLAMY, R. L. PACE, Spectrochim. Acta **22**, 525 (1966)
[21] A. HALL, J. L. WOOD, Spectrochim. Acta **23 A**, 2657 (1967)
[22] M. Van THIEL, E. D. BECKER, G. C. PIMENTEL, J. Chem. Phys. **27**, 95 (1957)
[23] Y. MIKAWA, J. W. BRASCH, R. J. JAKOBSEN, J. Mol. Spectr. **24**, 314 (1967)
[24] R. J. JAKOBSEN, J. W. BRASCH, Spectrochim. Acta **21**, 1753 (1965)
[25] M.-C. BERNARD-HOUPLAIN, C. SANDORFY, Chem. Phys. Letters **27**, 154 (1974)
[26] H.-J. SPANGENBERG, D. KUNATH, Z. Chem. **10**, 87 (1970)
[27] J. KREUZER, Z. phys. Chem. **B 53**, 213 (1943)
[28] E. TUCKER, E. D. BECKER, J. Phys. Chem. **77**, 1783 (1973)
[29] H. DUNKEN, G. RUDAKOFF, Z. Chem. **1**, 54 (1961)
[30] R. A. SPURR , H. F. BYERS, J. Phys. Chem. **62**, 425 (1958)
[31] G. GEISELER, H. SEIDEL, J. FRUWERT, Spectrochim. Acta **29 A**, 1385 (1973)
[32] R. WOLFF, Angew. Chem. **76**, 89 (1955)
[33] A. N. FLETCHER, C. A. HELLER, J. Phys. Chem. **71**, 3742 (1967)
[34] M. SAUNDERS, J. B. HYNE, J. Chem. Phys. **29**, 253, 1319 (1958)
[35] H. KEMPTER, R. MECKE, Z. phys. Chem. **B 46**, 229 (1940)
[36] H. S. FRANK, W.-Y. WEN, Disc. Farad. Soc. **24**, 133 (1957)
[37] N. D. COGGESHALL, E. L. SAIER, J. Amer. Chem. Soc. **73**, 5414 (1951)
[38] L. SAROLEA-MATHOT, Trans. Farad. Soc. **49**, 8 (1953)
[39] W. C. COBURN, E. GRUNWALD, J. Amer. Chem. Soc. **80**, 1318 (1958)
[40] U. LIDDEL, E. D. BECKER, Spectrochim. Acta **10**, 70 (1957)
[41] G. GEISELER, E. STÖCKEL, Spectrochim. Acta **17**, 1185 (1961)
[42] G. GEISELER, E. MEHNERT, Spectrochim. Acta **24 A**, 943 (1968)

[43] H. TSUBOMURA, J. Chem. Phys. **23**, 2130 (1955)
[44] H. A. BENESI, J. A. HILDEBRAND, J. Amer. Chem. Soc. **71**, 2103 (1949)
[45] N. J. ROSE, R. S. DRAGO, J. Amer. Chem. Soc. **81**, 6138 (1959)
[46] G. J. BREALEY, M. KASHA, J. Amer. Chem. Soc. **77**, 4462 (1955)
[47] G. C. PIMENTEL, J. Amer. Chem. Soc. **79**, 3323 (1957)
[48] T. GRAMSTAD, J. SANDSTROM, Spectrochim. Acta **25 A**, 31 (1969)
[49] S. SINGH, A. S. N. MURTHY, C. N. R. RAO, Trans. Farad. Soc. **62**, 1056 (1966)
[50] H. S. GUTOWSKY, A. SAIKA, J. Chem. Phys. **21**, 1988 (1953)
[51] M. SAUNDERS, J. B. HYNE, J. Chem. Phys. **29**, 253 und 1319 (1958)
[52] C. M. HUGGINS, G. C. PIMENTEL, J. N. SHOOLERY, J. Phys. Chem. **60**, 1311 (1956)
[53] J. C. DAVIS, K. K. DEB, Advances Magnetic Resonance **4**, 201 (1970)
[54] R. MATHUR, E. D. BECKER, R. B. BRADLEY, N. C. LI, J. Phys. Chem. **67**, 2190 (1963)
[55] siehe Lit. d)
[56] J. AHLF, D. PLATTHAUS, Ber. Bunsenges. **74**, 204 (1970)
[57] H. SUHR, „*Anwendungen der magnetischen Kernresonanz in der organischen Chemie*", Berlin 1965, S. 80
[58] W. G. SCHNEIDER, L. W. REEVES, Ann. N. Y. Acad. Sci. **70**, 858 (1958)
[59] L. W. REEVES, Can. J. Chem. **35**, 1249 und 1351 (1957)
[60] I. PRIGOGINE, V. MATHOT, A. DESMYTER, Bull. Soc. Chim. Belg. **58**, 547 (1949); I. PRIGOGINE, A. DESMYTER, Trans. Farad. Soc. **47**, 1137 (1951); I. PRIGOGINE, R. DEFAY, „*Chemische Thermodynamik*", Leipzig 1962
[61] G. GEISELER, K. QUITZSCH, R. GESEMANN, H. J. GESEMANN, Z. phys. Chem. N. F. **35**, 10 (1962)
[62] G. GEISELER, K. QUITZSCH, H.-G. VOGEL, D. PILZ, H. SACHSE, Z. phys. Chem. N. F. **56**, 288 (1967)
[63] H. KEHIAIAN, Bull. Acad. Polon. Sci., Ser. sci. chim. **12**, 425, 433, 497, 567 (1964)
[64] H. KEHIAIAN, Bull. Acad. Polon. Sci., Ser. sci. chim. **14**, 703 (1966)
[65] R. LACMANN, Z. phys. Chem. N. F. **23**, 313 und 324 (1960)

[66] P. J. FLORY, J. Chem. Phys. **10**, 51 (1942)
[67] G. GEISELER, E. MEHNERT, Z. phys. Chem. N. F. **64**, 26 (1969)
[68] R. LACMANN, Z. phys. Chem. N. F. **35**, 86 (1962)
[69] M. DAVIES, J. Chem. Educ. **46**, 17 (1969)
[70] H. RATAJCZAK, L. SOBCZYK, J. Chem. Phys. **50**, 556 (1969)
[71] R. NOUWEN, P. HUYSKENS, J. Mol. Struct. **16**, 459 (1973)
[72] J. LISZI, M. NARAY, Acta Chim. Acad. Hung. **81**, 11 (1974)
[73] A. WADA, J. Chem. Phys. **29**, 674 (1958); **31**, 495 (1958); J. SEELIG, G. SCHWARZ, Biopolymers 1969, 8, 429
[74] M. EIGEN, Angew. Chem. **80**, 892 (1968)
[75] W. MAIER, Z. Elektrochem. **64**, 132 (1960)
[76] L. BORUCKI, Ber. Bunsenges. **71**, 504 (1967)
[77] K. BERGMANN, M. EIGEN, L. DE MAEYER, Ber. Bunsenges. **67**, 819 (1963)
[78] G. G. HAMMES, H. O. SPIVEY, J. Amer. Chem. Soc. **88**, 1621 (1966)
[79] G. G. HAMMES, A. C. PARK, J. Amer. Chem. Soc. **90**, 4151 (1968)
[80] M. M. EMARA, G. ATKINSON, Advan. Mol. Relaxation Processes 4, 203 (1972)
[81] E. F. CALDIN, J. E. CROOKS, D. O'DONNELL, J. C. S. Faraday **I 69**, 993 (1973)
[82] E. F. CALDIN, J. E. CROOKS, D. O'DONNELL, J. C. S. Faraday **I 69**, 1000 (1973)
[83] K. J. IVIN, J. J. MCGARVEY, E. L. SIMMONS, R. SMALL, J. C. S. Faraday **I 69**, 1016 (1973)
[84] K. APPLEGATE, L. J. SLUTSKY, R. C. PARKER, J. Amer. Chem. Soc. **90**, 6909 (1968)
[85] D. GRINSHAW, P. J. HEYWOOD, E. WYN-JONES, J. C. S. Faraday **II 69**, 168, 756 (1973)
[86] H. G. BUSSE, G. MAASS, Z. phys. Chem. N. F. **66**, 92 (1969)
[87] R. F. HUDSON, G. W. LOVEDAY, S. FLIZÁR, G. SALVADORI, J. Chem. Soc. ***(B)*** 1966, 769
[88] A. E. OBERTH, R. S. BRUENNER, J. Phys. Chem. **71**, 845 (1968)
[89] G. GEISELER, J. FRUWERT, Z. phys. Chem. N. F. **26**, 111 (1960)
[90] G. GEISELER, G. MÜLLER, Spectrochim. Acta **29 A**, 345 (1973)

[91] J. D. Bernal, H. R. Fowler, J. Chem. Phys. **1**, 515 (1933)
[92] J. Lennard-Jones, J. A. Pople, Proc. Roy. Soc. **205**, 155 (1951)
[93] C. A. Coulson, Research **10**, 159 (1957); siehe auch H. Tsubomura, Bull. Chem. Soc. Japan **27**, 445 (1954)
[94] N. D. Sokolov, Ann. Chim. (Paris) **10**, 417 (1965)
[95] C. A. Coulson, U. Danielsson, Arkiv Fysik **8**, 239 (1954)
[96] J. N. Murrell, M. Randic, D. R. Williams, Proc. Roy. Soc. London Ser. A **284**, 566 (1965); J. N. Murrell, G. Shaw, J. Chem. Phys. **46**, 1768 (1967)
[97] J. N. Murrell, F. B. van Duijneveldt, J. Chem. Phys. **46**, 1759 (1967); siehe auch Lit. e)
[98] F. B. van Duijneveldt, J. Chem. Phys. **49**, 1424 (1968); siehe auch Lit. e)
[99] P. A. Kollman, L. C. Allen, Theoret. Chim. Acta (Berlin) **18**, 399 (1970)
[100] siehe Lit. j)
[101] J. G. C. M. van Duijneveldt-van de Rijdt, F. B. van Duijneveldt, Theoret. Chim. Acta (Berlin) **19**, 83 (1970)
[102] J. A. Pople, G. A. Segal, J. Chem. Phys. **44**, 3289 (1966)
[103] M. W. Hanna, J. Amer. Chem. Soc. **90**, 285 (1968); M. W. Hanna, D. E. Williams, J. Amer. Chem. Soc. **90**, 5358 (1968); H. Ratajczak, J. Phys. Chem. **76**, 3000, 3991 (1972); H. Ratajczak, W. J. Orville-Thomas, J. Chem. Phys. **58**, 971 (1973)
[104] E. Clementi, J. Chem. Phys. **46**, 3851 (1967); **47**, 2323 (1967); E. Clement, J. N. Gayles, J. Chem. Phys. **47**, 3837 (1967)
[105] P. A. Kollman, L. C. Allen, J. Chem. Phys. **51**, 3286 (1969)
[106] E. R. Lippincott, R. Schroeder, J. Chem. Phys. **23**, 603, 1099 (1955)
[107] C. Reid, J. Chem. Phys. **30**, 182 (1959)
[108] L. Pauling, R. B. Corey, Fortschr. Chem. org. Naturstoffe (Wien) **11**, 180 (1954)
[109] siehe Lit. m)
[110] W. G. Schneider, J. Chem. Phys. **23**, 26 (1955)
[111] W. Luck, Naturwiss. **52**, 25, 49 (1965); **54**, 601 (1967)
[112] P. Schuster, Theoret. Chim. Acta Berlin **19**, 212 (1970); siehe auch Lit. k; K. Morokuma, J. Chem. Phys. **55**, 1236 (1971)
[113] siehe Lit. C)

[114] siehe Lit. B)
[115] I. FISCHMEISTER, Spectrochim. Acta **20**, 1071 (1964)
[116] L. J. BELLAMY, R. J. PACE, Spectrochim. Acta **25 A**, 319 (1969); L. J. BELLAMY, A. J. OWEN, Spectrochim. Acta **25 A**, 329 (1969)
[117] siehe Lit. d) und h)
[118] siehe Lit. C), d) und h)
[119] D. B. HENSON, C. A. SWENSON, J. Phys. Chem. **77**, 2401 (1973)
[120] C. C. SNEAD, J. Phys. Chem. **76**, 774 (1972)
[121] L. BELLON, C. R. Acad. Sci. **254**, 3346 (1962)
[122] H. WOLFF, G. GAMER, Spectrochim. Acta **28 A**, 2121 (1972)
[123] R. F. W. HOPMANN, J. Phys. Chem. **78**, 2341 (1974)
[124] A. N. FLETCHER, J. Phys. Chem. **71**, 3742 (1967)
[125] N. F. PASCO, D. V. FENBY, Can. J. Chem. **52**, 2139 (1974)
[126] G. ALLEN, J. G. WATKINSON K. H. WEBB, Spectrochim. Acta **22**, 807 (1966)
[127] siehe Lit. h)
[128] J. N. SPENCER, K. S. ROBERTSON, E. E. QUICK, J. Phys. Chem. **78**, 2236 (1974)
[129] S. SINGH, C. N. R. RAO, Can. J. Chem. **44**, 2611 (1966)
[130] S. SINGH, C. N. R. RAO, J. Phys. Chem. **71**, 1074 (1967)
[131] R. M. BADGER, S. H. BAUER, J. Chem. Phys. **5**, 839 (1937)
[132] C. M. HUGGINS, G. C. PIMENTEL, J. Amer. Chem. Soc. **60**, 1615 (1956)
[133] A. W. IOGANSEN, Dokl. Akad. Nauk SSSR **164**, 610 (1965)
[134] A. W. IOGANSEN, B. W. RASSADIN, Prikl. Spektroskopija **6**, 492 (1967)
[135] C. M. W. ANDERSON, J. L. DUNCAN, F. J. C. ROSSOTTI, J. Chem. Soc. 1961, 2165 und 4201
[136] S. N. VINOGRADOV, Can. J. Chem. **41**, 2719 (1963)
[137] G. GEISELER, J. FRUWERT, E. STÖCKEL, Z. phys. Chem. N. F. **32**, 330 (1962)
[138] J. H. LADY, K. B. WHETSEL, J. Phys. Chem. **68**, 1001 (1964)
[139] siehe Lit. m)
[140] A. G. MICHELL, H. G. HIGGINS, Tetrahedron **21**, 1109 (1965)
[141] P. KOLLMANN, L. C. ALLEN, J. Amer. Chem. Soc. **93**, 4991 (1971); siehe auch Lit. j)

[142] C. N. R. RAO, P. C. DWIWEDI, H. RATAJCZAK, W. J. ORVILLE-THOMAS, J. C. S. Farad. Trans. II **71**, 955 (1975)
[143] H. RATAJCZAK, W. J. ORVILLE-THOMAS, J. Mol. Struct. **19**, 237 (1973)
[144] L. L. INGRAHAM, J. CORSE, G. F. BAILEY, F. STITT, J. Amer. Chem. Soc. **74**, 2297 (1952)
[145] H. SEIDEL, CH. RITTER, J. FRUWERT, G. GEISELER, Spectrochim. Acta **32 A**, 705 (1976); siehe auch Lit. [31]
[146] U. LIDDEL, E. D. BECKER, Spectrochim. Acta **10**, 70 (1957)
[147] G. GEISELER, J. FRUWERT, H. SEIDEL, Spectrochim. Acta **27 A**, 1893 (1971)
[148] G. GEISELER, K. SÜHNEL, K. QUITZSCH, Z. phys. Chem. **254**, 261 (1973)
[149] K. MORUKAMA, L. PEDERSON, J. Chem. Phys. **48**, 3275 (1968); siehe auch Lit. j)
[150] S. W. PETERSON, H. A. LEVY, Acta Cryst. **10**, 70 (1957)
[151] L. PAULING, „*Die Natur der chemischen Bindung*", Verlag Chemie, Weinheim 1962
[152] T. T. WALL, D. F. HORNIG, J. Chem. Phys. **45**, 2079 (1965)
[153] M. FALK, T. A. FORD, Can. J. Chem. **44**, 1699 (1966)
[154] G. E. WALRAFEN, J. Chem. Phys. **48**, 244 (1968)
[155] W. A. SENIOR, R. E. VERALL, J. Phys. Chem. **73**, 4242 (1969)
[156] J. W. SCHULTZ, D. F. HORNIG, J. Phys. Chem. **65**, 2131 (1961)
[157] W. A. P. LUCK, Ber. Bunsenges. **69**, 626 (1965)
[158] G. NEMETHY, H. A. SCHERAGA, J. Chem. Phys. **36**, 3382 (1962)
[159] E. U. FRANCK, K. ROTH, Discuss. Farad. Soc. **43**, 108 (1966)
[160] G. R. CHOPPIN, J. R. DOWNEY, J. Chem. Phys. **56**, 5899 (1972)
[161] N. J. HORNUNG, G. R. CHOPPIN, G. RENOVITCH, Appl. Spectr. Rev. **8**, 149 (1974)
[162] siehe Lit. C)
[163] a) E. WICKE, M. EIGEN, TH. ACKERMANN, Z. phys. Chem. N. F. **1**, 340 (1954); E. WICKE, Angew. Chem. **78**, 1 (1966) b) E. G. Weidemann, G. Zundel, Z. Physik 198. 288 (1967); siehe auch Lit. E), Bd 2, S. 683
[164] L. PAULING, R. B. COREY, H. R. BRANSON, Proc. nat. Acad. Sci. USA **37**, 205 (1951)

[165] L. Pauling, R. B. Corey, Proc. nat. Acad. Sci. USA **37**, 729 (1951); **39**, 253 (1953)
[166] C. C. F. Blake, D. F. Koenig, G. A. Mair, A. C. T. North, D. C. Philips, V. R. Sarma, Nature **206**, 757 (1965)
[167] G. Nemethy, H. A. Scheraga, J. phys. Chem. **66**, 1773 (1962); **67**, 2888 (1963); G. Nemethy, Angew. Chem. **79**, 260 (1967)
[168] J. Monod, „*Zufall und Notwendigkeit*", München, R. Piper & Co. 1971
[169] S. R. Chandhuri, J. T. Yang, Biochim. Biophys. Acta **133**, 206 (1967)
[170] G. G. Hammes, P. B. Roberts, J. Amer. Chem. Soc. **91**, 1812 (1969)
[171] J. D. Watson, F. H. C. Crick, Nature **171**, 737 (1953)
[172] M. Delbrück, Nova Acta Leopoldina, **26**, Nr. 165, 9 (1963)
[173] M. Eigen, L. de Mayer, Naturwissenschaften **53**, 60 (1966)
[174] K. Hoogsteen, Acta cryst. **12**, 822 (1959)
[175] P.-O. Löwdin, Advances Quantum Chem. **2**, 213 (1966)
[176] H. Kuhn, Angew. Chem. **84**, 838 (1972)
[177] N. S. Anderson, J. W. Campbell, M. M. Harding, M. M. Rees, J. W. B. Samuel, J. Mol. Biol. **45**, 85 (1969)
[178] Th. Di Paolo, C. Sandorfy, Can. J. Chem. **52**, 3612 (1974)

10. Sachregister

Die Autoren

- stellen die spezifischen und charakteristischen Merkmale von Wasserstoffbrückenbindungen und Wasserstoffbrückensystemen heraus

- beschreiben die wichtigsten Methoden zu ihrer Erforschung

- behandeln die Theorie der Wasserstoffbrückenbindung

- betrachten die Wasserstoffbrücken aus der Sicht einer verallgemeinernden Systematik

- und geben ein Bild über die Bedeutung der Wasserstoffbrücken für den strukturellen Aufbau kristalliner Verbindungen, des Wassers, wäßriger Lösungen, biologischer Systeme

WISSENSCHAFTLICHE TASCHENBÜCHER

FSC
www.fsc.org
MIX
Papier | Fördert gute Waldnutzung
FSC® C083411

Zeitfracht Medien GmbH
Ferdinand-Jühlke-Straße 7
99095 Erfurt, Deutschland
produktsicherheit@kolibri360.de